Hans-Joachim Gei

Elektrische Anlagen in Haus und Wohnung

Elektor-Verlag, Aachen

17.Auflage 2013

Umschlaggestaltung: Ton Gulikers, Segment, Beek (NL)

Grafische Gestaltung: Hans-Joachim Geist

Satz und Aufmachung: ECCO-Verlagsdienstleistungen, Herzogenrath

Druck: WILCO, Amersfoort (NL)

Printed in the Netherlands

ISBN 978-3-89576-079-2
Elektor-Verlag, Aachen
999004-11/D

Inhalt

Vorwort

Dieses Fachbuch vermittelt jedem leicht verständlich die wichtigsten Kenntnisse zur Planung, Ausführung und Prüfung von elektrischen Anlagen. Dabei steht die praxisorientierte Darstellung im Vordergrund der Überlegungen. Neben der Montagebeschreibung helfen auch noch zahlreiche Tips aus der Praxis, Zeit und Geld zu sparen.

Das Buch ist für alle interessant und hilfreich, die sich mit dem Thema Elektroinstallation befassen, auch Techniker, Meister, Studenten und Ingenieure erhalten gewinnbringende Informationen.

Der Autor Hans-Joachim Geist besitzt eine fundierte fachliche Qualifikation. Er konnte sich während seiner langjährigen Berufspraxis umfangreiche handwerkliche Fähigkeiten – im Bereich der elektrischen Installations- und Anlagentechnik – aneignen, die er schwerpunktmäßig in diesem Buch beschreibt. Interessierte Leser erhalten somit das Wissen, das für die Installation einer elektrischen Anlage notwendig ist.

1. Elektroinstallation vom Hausanschluß bis zum Zähler

Für die Einrichtung des Hausanschlusses ist der enge Kontakt zwischen VNB und Bauherr/Architekt bzw. ausführender Firma unerläßlich. Es gibt genaue Richtlinen, nach denen feststeht, ob für den Hausanschluß ein Hausanschlußraum vorzusehen ist oder ob ein Hausanschlußkasten genügt. Wenn ein Anschlußkasten ausreicht, wo ist dann hierfür der geeignete Ort; was ist bei der Montage zu beachten? Die korrekte Beantwortung dieser und anderer Fragen hilft, unnötigen Ärger zu vermeiden.

Wichtige Themen bei der nun anstehenden Installation sind:

- der Hausanschlußraum,
- der Hausanschlußkasten,
- die Hauptleitung,
- das Hauptstromversorgungssystem,
- ein Zählerplatz und eine Meßeinrichtung,
- die Erdungsanlage,
- der Hauptpotentialausgleich.

1.1 Der Hausanschlußraum

Im Hausanschlußraum (Bild 1.1) werden alle Anschlußleitungen eingeführt und die Anschlußeinrichtungen für die Gebäudeversorgung untergebracht. Zu den Anschlußleitungen gehören das Starkstromkabel, das Telefon- und Breitbandkabel, die Haupterdungsleitung sowie Wasserver- und -entsorgungsleitungen.

In der Regel liegt der Hausanschlußraum an einer Gebäudeaußenwand, durch die die Leitungen eingeführt werden (Bild 1.2). Hauseinführungsleitungen sollten sehr kurz sein und unmittelbar neben einer Wand eingeführt werden. Die Breite der Tür muß mindestens 0,65 m und die Höhe mindestens 1,95 m betragen. Der Zugang ist mit Hausanschlußraum zu be-

I. Elektroinstallation vom Hausanschluß bis zum Zähler

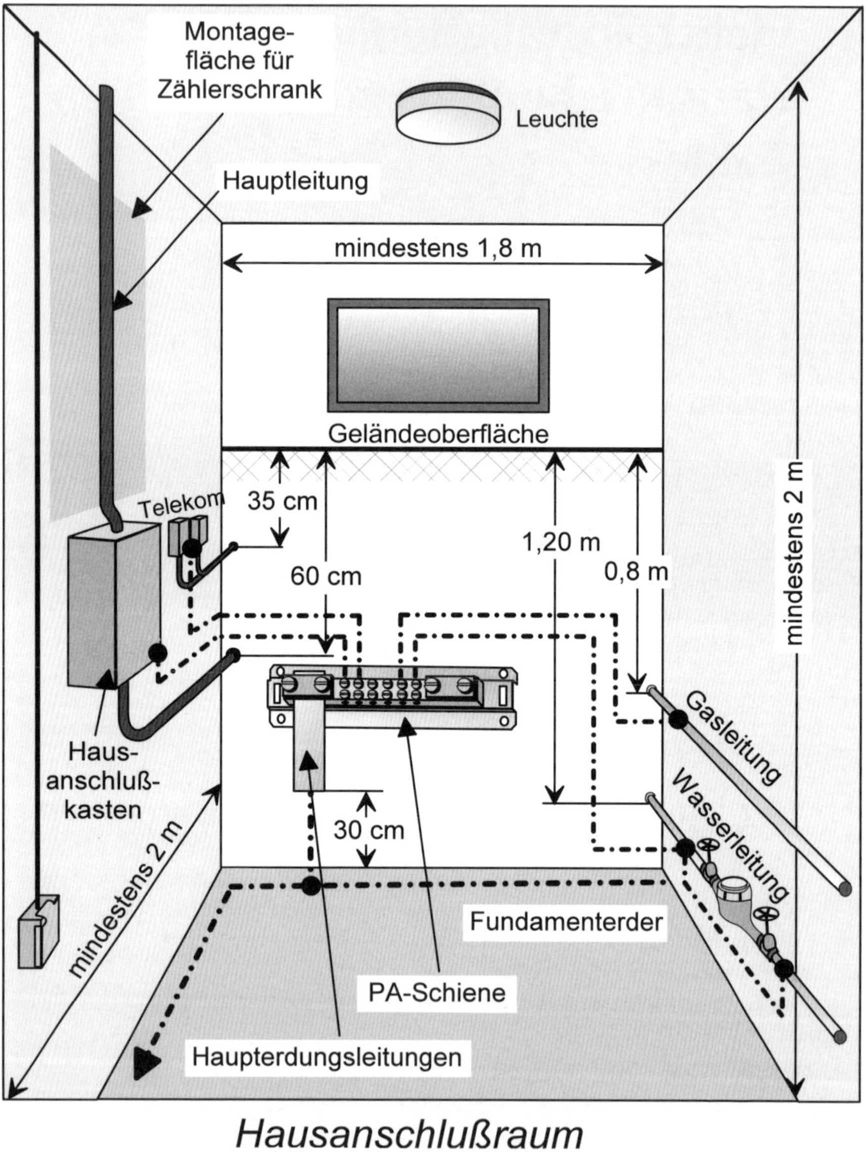

Bild 1.1.

Bild 1.2.

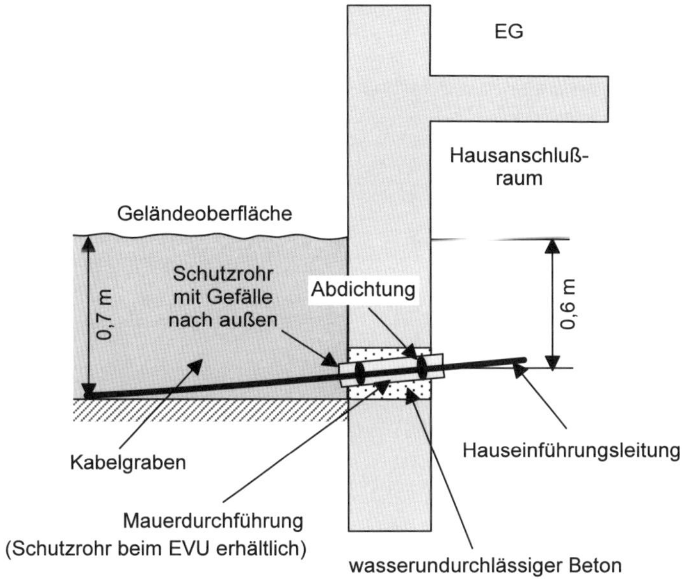

Wasserdichte Kabeleinführung

schriften. Für Wartungsarbeiten ist eine Schukosteckdose zu installieren und mindestens eine Leuchte mit einem Schalter an der Tür vorzusehen. Die Raumtemperatur sollte immer unter 30 °C liegen. Die Haupterdungsleitung ist in unmittelbarer Nähe des Hausanschlußkastens, 30 cm über dem Boden, aus dem Mauerwerk herauszuführen. Direkt über dem Wandauslaß der Haupterdungsleitung kann die Potentialausgleichsschiene angebracht werden.

Sind im Hausanschlußraum Wasserleitungen mit Entleerungsmöglichkeiten und Absperrventilen angebracht, ist ein Zählerschrank mit Schutzart IP 54 erforderlich, ansonsten reicht die Schutzart IP 31 aus. Vor einem evtl. vorhandenen Zählerplatz ist ein Freiraum von mindestens 1,2 m zu berücksichtigen.

In Einfamilienhäusern ist ein Hausanschlußraum nicht gefordert (Bild 1.3). Manche VNB schreiben erst ab Wohngebäuden mit vier Kundenanlagen einen separaten Hausanschlußraum vor. Der Hausanschluß oder der Hausanschlußraum muß unge-

Bild 1.3. *Beispiel für eine Geschoßzeichnung mit gewünschtem Anbringungsort für den Hausanschlußkasten*

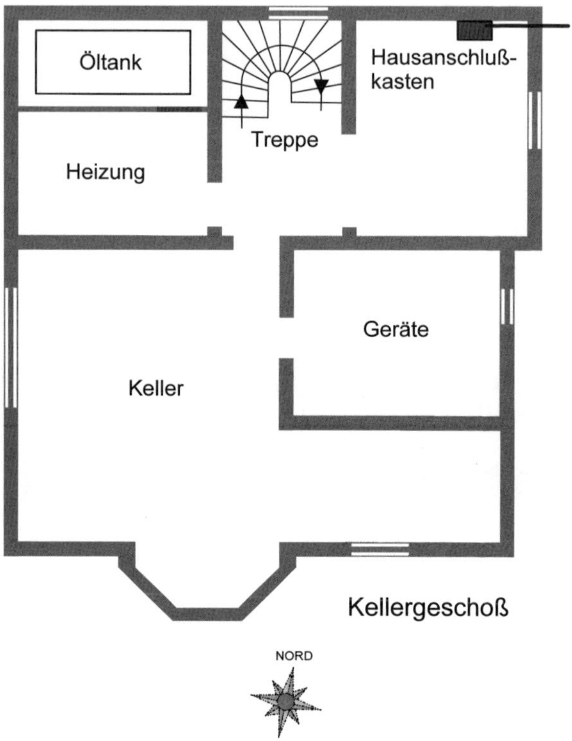

hindert zugänglich sein. Besteht keine Forderung für einen Hausanschlußraum, sind nachfolgende Orte für die Anbringung eines elektrischen Hausanschlusses möglich:

- Kellerräume
- Treppenräume
- Lagerräume für Heizöl bis 5 000 Liter
- Räume mit Heizkessel bis 50 kW
- Garagen bis 100 Quadratmeter
- Im Freien mit speziellen Zähleranschlußsäulen

Grundsätzlich gilt, daß Hausanschlüsse das Eigentum der VNB sind und zu dessen Betriebsanlagen gehören. Sie werden ausschließlich vom VNB hergestellt, erneuert, instand gehalten, ge-

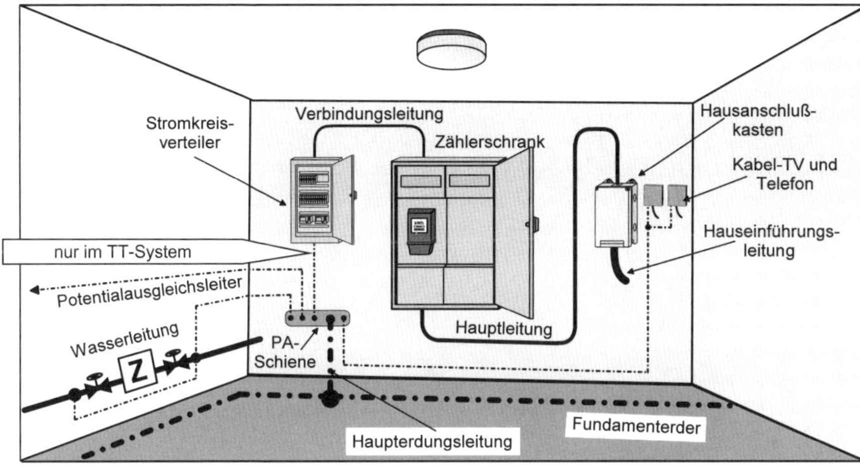

Hausanschlußraum mit Hauptpotentialausgleich für ein TT-System

Bild 1.4. (oben)

Bild 1.5. (unten)

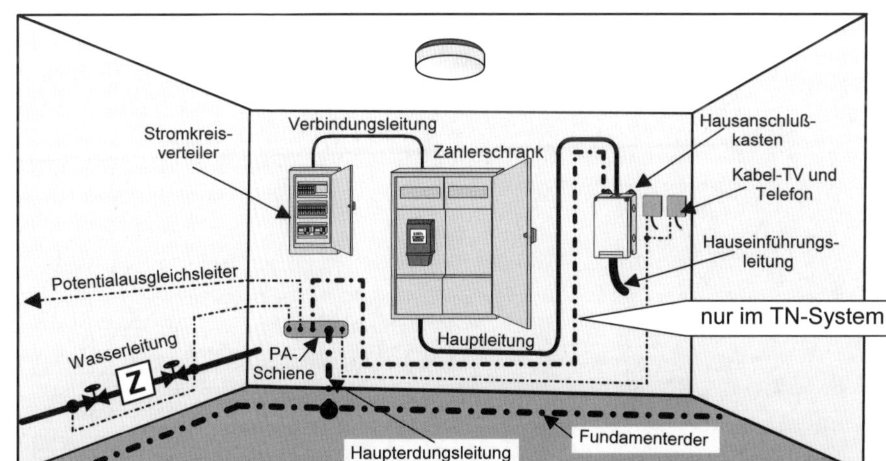

Hausanschlußraum mit Hauptpotentialausgleich für ein TN-System

ändert oder beseitigt. Die Vorschriften der verschiedenen VNBs weichen oft geringfügig voneinander ab. Aus diesem Grund ist es ratsam, alle Details mit dem zuständigen VNB abzustimmen. In Bild 1.4 und 1.5 sehen Sie einen Hausanschlußraum mit den elektrischen Einrichtungen. Der Unterschied zwischen TT-System und TN-Sytem ist im Hausanschlußraum nur an den Hauptpotentialausgleichsleitern zu erkennen. Im TT-System wird der Hauptpotentialausgleichsleiter zu der Stromkreisverteilung geführt, und im TN-System wird der Hauptpotientialausgleichsleiter zum Hausanschlußkasten verlegt.

1.2 Der Hausanschlußkasten

Im Hausanschlußkasten (HAK) wird die Hauseinführungsleitung an einem dreipoligen NH-Sicherungselement aufgelegt. Die Montage des Hausanschlußkastens und der Anschluß der Hauseinführungsleitung werden immer vom zuständigen VNB durchgeführt.

Die vom Hausanschlußkasten abgehende Hauptleitung liegt bereits im Zuständigkeitsbereich des Elektromonteurs und wird von diesem auch verlegt und am Hausanschlußkasten bzw. am Zählerschrank angeschlossen. Bei den VNBs kommen verschiedene Typen von Hausanschlußkästen zum Einsatz (Bild 1.6 und 1.7). In Bild 1.8 ist ein älteres Modell eines HAKs zu sehen, der in einem TT-System eingesetzt ist. Das erkennt man an der fehlenden separaten Leitung, die im TN-System von der Hauptpotentialausgleichschiene zum HAK verlegt wird.

Bild 1.6.

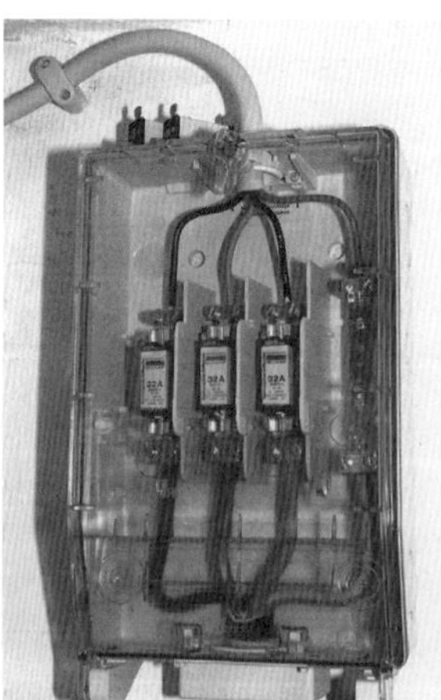

Bild 1.7.

Der Montageort des HAK muß unter Berücksichtigung der maximal zulässigen Biegeradien der Hausanschlußleitung und der Hauptleitung festgelegt werden (Bild 1.9). Der empfohlene Bodenabstand für den HAK liegt zwischen 0,8 und 1,2 m. Vor dem HAK ist für die Sicherheit des Bedienungspersonals, und um Reparaturarbeiten durchzuführen, ein Freiraum von mindestens 1,2 m einzuhalten.

Bild 1.8.

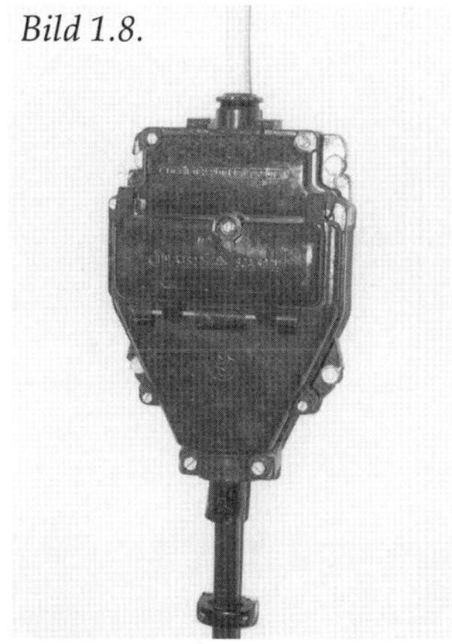

Wichtig ist, daß in Hochwassergebieten der Montageort des HAKs oberhalb des Überflutungsbereiches liegt. Können die vom VNB geforderten Sicherheitsabstände eingehalten werden, dann darf der HAK auch in einem Heizungsraum einer Gas- oder Ölzentralheizung montiert werden, vorausgesetzt, die Heizkesselleistung ist nicht größer als 50 kW (Bild 1.10). Auf Holzwänden oder Wänden aus anderen brennbaren Baustoffen ist die Montage des HAK nur zulässig, wenn z.B. lichtbogenfeste Fibersilikatplatten oder GFK-Platten mit mindestens 20 mm Materialstärke als Unterlage für den HAK angebracht werden. Das gilt auch für die Verlegung der Hauseinführungsleitung. Die Unterlage sollte am HAK mindestens 15 cm allseitig überstehen und im Bereich der Hauseinführungsleitung eine Mindestbreite von 30 cm besitzen (Bild 1.11).

Eine Durchführung des Hausanschlußkabels durch einen brennbaren Baustoff ist nicht zulässig. Kann eine Durchführung der Hausanschlußleitung durch nicht brennbares Material nicht realisiert werden oder ist die Montage des HAK aus anderen Gründen innerhalb des Gebäudes nicht möglich, kann alternativ der HAK in einem Unterputzgehäuse an der Hausaußenwand angebracht werden (Bild 1.12). Die Größe der Maueraussparung für ein Unterputzgehäuse liegt etwa bei H 0,7 m × B 0,5 m × T 0,25 m. Beim Anbringen der Maueraussparung müssen die einschlägigen Bestimmungen für Brand-, Schall- und Wärmeschutz des Gebäudes beachtet werden. Eine Schwächung der Wand muß innerhalb der zulässigen statischen Werte liegen. Das Unterputzgehäuse muß abschließbar, korrosionsbeständig und problemlos zugänglich sein.

Bild 1.9.

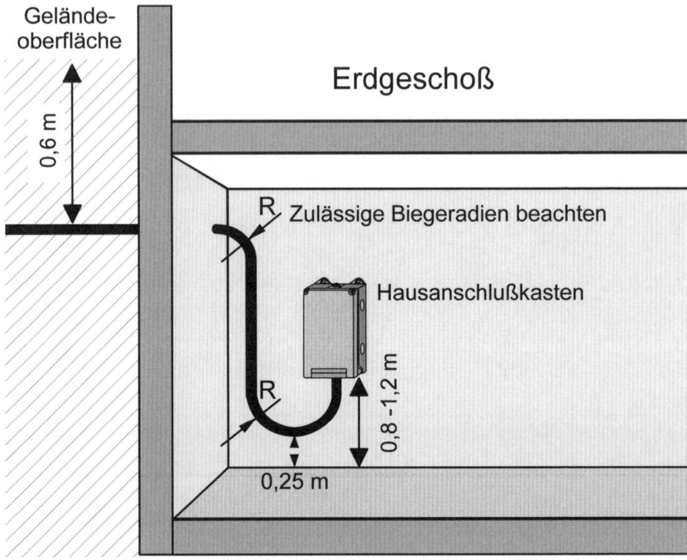

Beispiel für einen Hausanschlußkasten in einem Kellerraum

Biegeradien für Kabel

d = Kabeldurchmesser

Papierisolierte Kabel	**einadrig**	**mehradrig**
mit Bleimantel	25 x d	15 x d
mit gewelltem Al-Mantel	25 x d	15 x d
mit glattem Al-Mantel	30 x d	25 x d
Kunststoffkabel		
U < 600 V	15 x d	12 x d

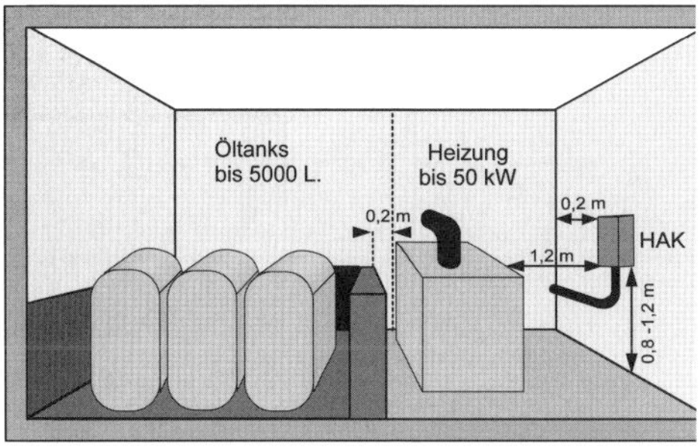

Beispiel für einen Hausanschlußkasten im Heizungsraum

Bild 1.10.

Bild 1.11.

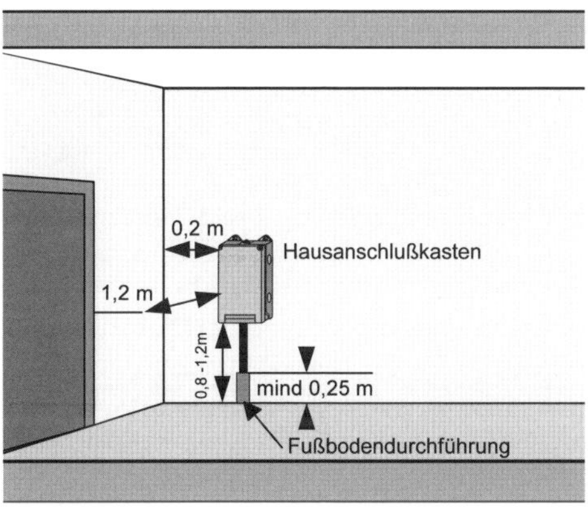

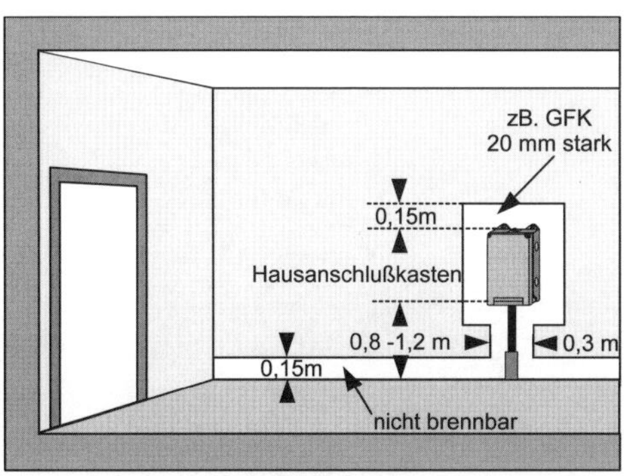

Beispiel für Hausanschlußkasten und -kabel auf einer brennbaren Wand

Bild 1.12.

Bild 1.13.

Zähleranschlußsäule

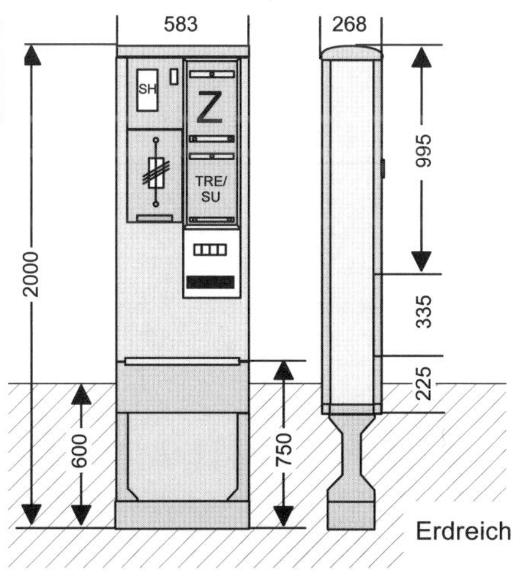

Bild 1.14.

Bild 1.15.

Die Anbringungshöhe ist in der Regel vom Elektromonteur mit dem VNB abzustimmen. Die Hausanschlußleitung und die Hauptleitung müssen in diesem Fall im Leerrohr zum Unterputzgehäuse verlegt werden, damit ein Auswechseln der Leitungen jederzeit möglich ist.

Eine weitere Alternative ist die Hausanschlußsäule oder eine Zähleranschlußsäule. Beide beinhalten den HAK und können im Freien aufgestellt werden (Bild 1.13 und 1.14). Der Montage-

Bild 1.16.

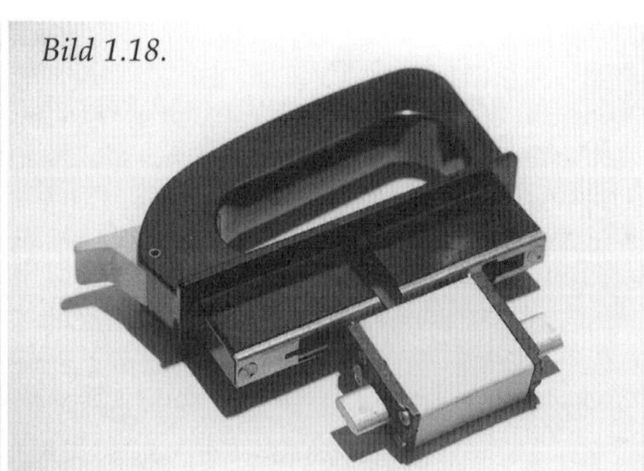

Bild 1.18.

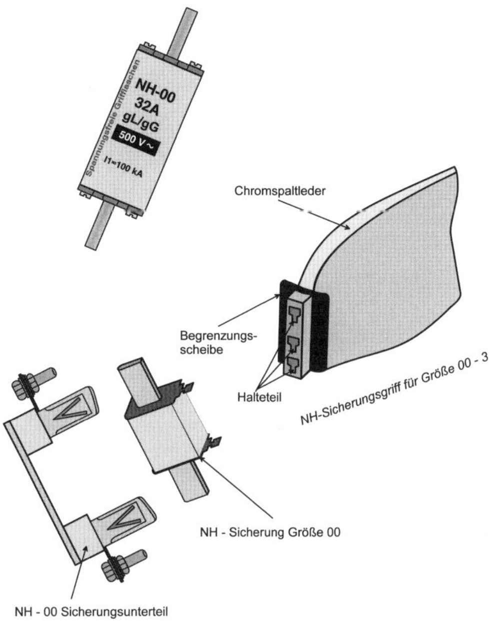

Bild 1.17.

Richtwerte für die Auslegung von Hausanschlußsicherungen ohne SHS

Wohnungen	Sicherung
1	32 A
2	50 A
3	50 A
4	63 A
5	63 A

Richtwerte für die Auslegung von Hausanschlußsicherungen mit SHS

Wohnungen	Sicherung
1	63 A
2	63 A
3	63 A
4	63 A
5	80 A

Bild 1.19.

ort für die Anschlußsäule muß auch mit dem zuständigen VNB abgesprochen werden. Im Bild 1.15 sehen Sie einen in der Zähleranschlußsäule integrierten HAK.

Fast alle VNBs fordern für Neuanlagen Hochleistungs-Niederspannungs-Sicherungen (NH-Sicherungen Bild 1.16) als Hausanschlußsicherungen. Diese Sicherungen dürfen nach Rücksprache mit dem VNB auch vom Elektromonteur eingesetzt werden. Für das Einsetzen der NH-Sicherungen ist ein spezielles Werkzeug erforderlich. Es handelt sich dabei um einen sogenannten NH-Sicherungsgriff, an dem aus Sicherheitsgründen eine Lederstulpe angebracht ist (Bild 1.17). Fehlt die Lederstulpe, kann der Lichtbogen, der beim Herausziehen der NH-Sicherung unter Last entsteht, zu Verbrennungen an der Hand führen. Außerdem muß beim Einsetzen und Herausnehmen der NH-Sicherung ein Schutzhelm mit Gesichtsschutz getragen werden.

Das Einsetzen oder das Ziehen mit einem NH-Griff ohne Schutzstulpe (Bild 1.18) ist in den meisten Ländern nicht mehr zulässig.

Der Nennstrom für die Hausanschlußsicherung wird vom VNB vorgegeben. Er ist abhängig von der Anzahl der Kundenanlagen und von der beantragten Grenzleistung. Darüber hinaus ist für den Nennstrom der Hausanschlußsicherung die Art der Zählervorsicherung entscheidend. Werden selektive Haupt-Leitungsschutzschalter als Zählervorsicherung verwendet, kann der Nennstrom der Hausanschlußsicherung dementsprechend größer gewählt werden (Bild 1.19). Beim Einsatz von elektrischen Heizgeräten ist die Grenzleistung – und somit auch der erforderliche Nennstrom der Hausanschlußsicherung – wesentlich größer.

1.3 Die Hauptleitung

Die Hauptleitung ist die Verbindungsleitung zwischen dem Hausanschlußkasten und dem Zählerschrank. Eine Hauptleitung kann auch als Steigleitung bezeichnet werden, wenn sie nicht zu einem zentralen Zählerschrank führt, sondern als Zuleitung für mehrere Zähleranordnungen dient, die auf unterschiedlichen Etagen verteilt sind. Als Hauptleitung kommen im Normalfall nur vier- oder fünfadrige Drehstromleitungen zum Einsatz. Im allgemeinen werden als Hauptleitung NYM- oder NYY-Leitungen verwendet. Die Schutzmaßnahme, die zur Anwendung kommt, ist für die Auswahl des Leitungstyps wichtig.

Für ein TT-System (Bild 1.20) wird grundsätzlich nur eine vieradrige Leitung als Hauptleitung verwendet, die keine grüngelben Leiter hat, wie NYM-O oder NYY-O. Die Bezeichnung O bedeutet, daß sich kein grüngelber Leiter in der Hauptleitung befindet. Im TT-System wird der Schutzleiter (PE) als separater, grüngelber Leiter von der Hauptpotentialausgleichschiene bis zur Stromkreisverteilung verlegt. Erst nach dem FI-Schutzschalter darf der Schutzleiter, gemeinsam mit den Außenleitern und dem Neutralleiter, in der sogenannten Installationsleitung verlegt werden.

Bild 1.20.

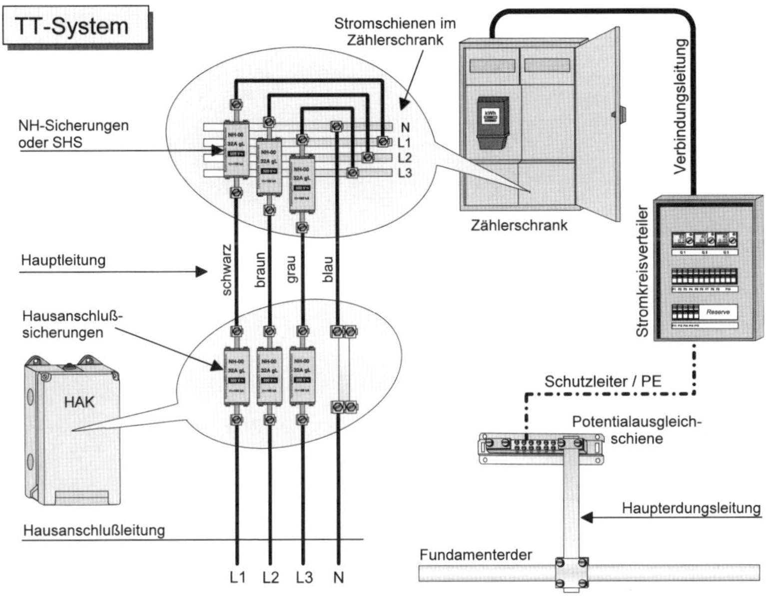

Bild 1.21.

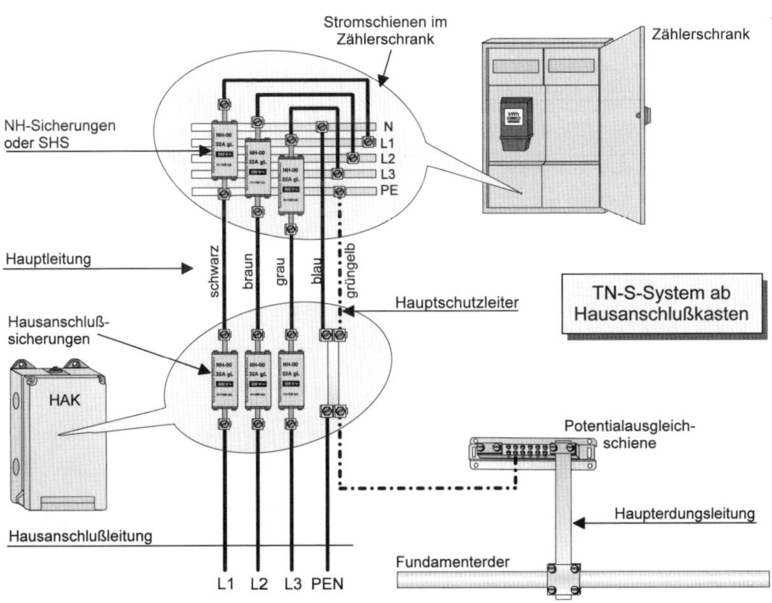

I. Elektroinstallation vom Hausanschluß bis zum Zähler

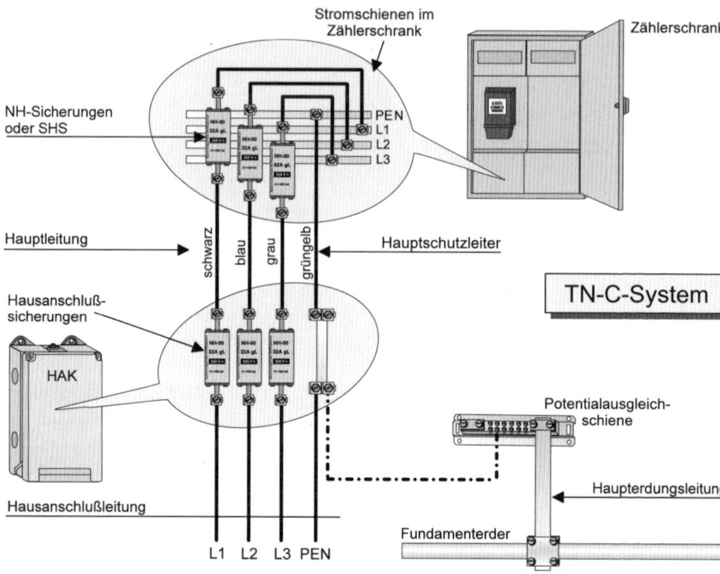

Bild 1.22.

Bild 1.23.

Anzahl der Wohnungen mit elektrischer Warmwasserbereitung	Mindestbelastbarkeit des Kabels nach DIN 18015
1	63 A
2	80 A
3	100 A
4-6	125 A
7-11	160 A
Anzahl der Wohnungen ohne elektrischer Warmwasserbereitung	
1-5	63 A
6-10	80 A

Kennzeichnung von Drehstromsystemen	
T	von ***T***erra (Erde)
N	von ***N***eutral
C	von ***C***ombiniert (PEN)
S	von ***S***eperad (PE) (N)

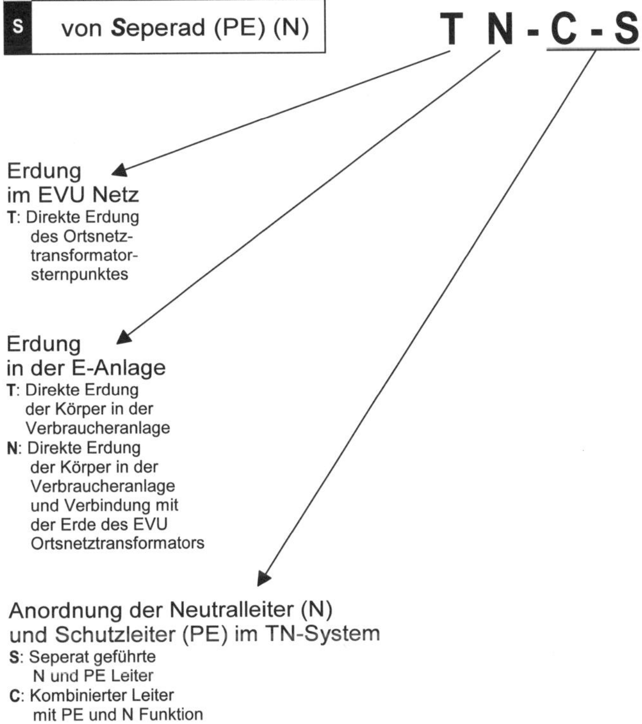

Bild 1.24.

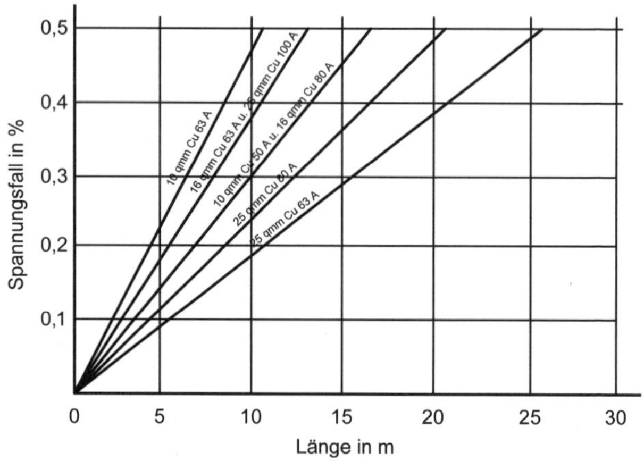

Maximale Leitungslänge von Hauptleitungen unter Berücksichtigung des Spannungsfalles bei einer Nennspannung von 400 V

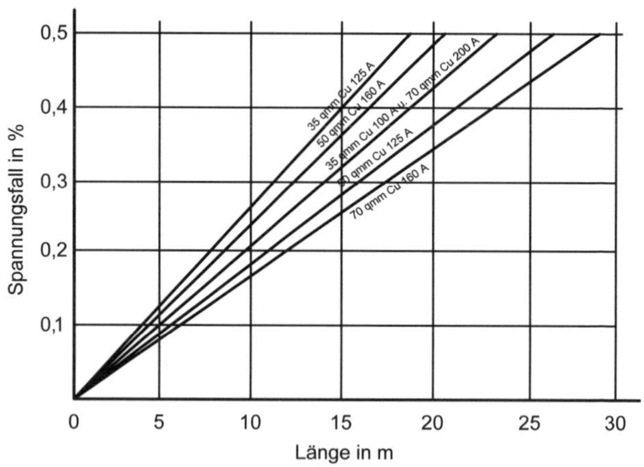

Maximale Leitungslänge von Hauptleitungen unter Berücksichtigung des Spannungsfalles bei einer Nennspannung von 400 V

Bild 1.25.

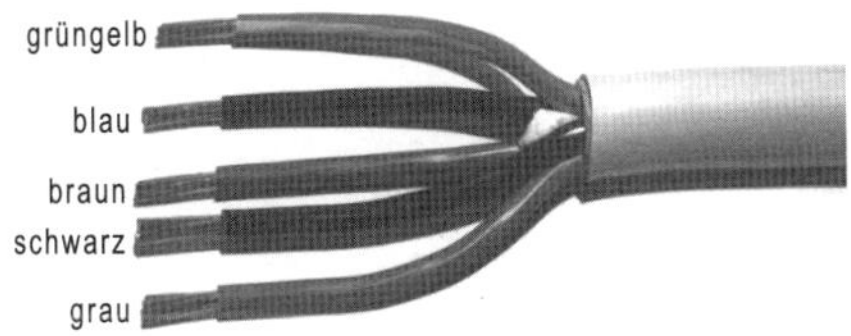

Bild 1.26. Hauptleitung für ein TN-S-System NYM-I, 5 × 16 mm² ab dem HAK.

Die Hauptleitung für ein TN-System kann vier- oder fünfpolig sein. Manche VNBs fordern ein TN-S-System ab dem Hausanschlußkasten (Bild 1.21). In diesem Fall werden NYM-I oder NYY-I Leitungen mit fünf Adern verlegt. Das heißt, im HAK wird die grüngelbe und blaue Ader mit dem PEN-Leiter der Hausanschlußleitung zusammengeschlossen, so daß Schutzleiter und Neutralleiter (PE und N) bereits ab dem Hausanschlußkasten getrennt geführt werden. Durch die Installation eines TN-S-Systems ab dem HAK wird die Starkstromanlage betriebssicherer.

In der Regel kommen jedoch TN-C-S-Systeme zum Einsatz, die bis zur Stromkreisverteilung ein TN-C-System (Bild 1.22) sind und erst danach in ein TN-S-System übergehen. Die Hauptleitung für ein TN-C-S-System ist eine vieradrige NYM-I bzw. NYY-I. Das I bedeutet, daß sich in der Leitung ein grüngelber Leiter befindet, der zugleich die Funktionen des Schutzleiters und Neutralleiters hat (PEN). Unabhängig davon, ob ab dem HAK ein TN-C-S-System oder ein TN-S-System errichtet wird, muß der PEN-Leiter, im Hausanschlußkasten eines TN-Systems, immer über die Hauptpotentialausgleichschiene mit der Anlagenerde (Fundamenterder) verbunden werden.

Die Installation der Hauptleitung soll im Kellerflur, im Treppenhaus oder anderen Räumen, die leicht zugänglich sind, ausgeführt werden. Für die Unterputz-Verlegung einer Hauptleitung können Maueraussparungen mit 6 × 6 cm vorgesehen werden. Der Leiterquerschnitt der Hauptleitung ist so zu bestimmen, daß er die Mindestbelastbarkeit nach DIN18015 aufweist.

Grundsätzlich gilt, daß der kleinste zulässige Querschnitt einer Hauptleitung 10 mm^2 Kupfer beträgt, die Mindestbelastbarkeit nicht unter 63 A liegen darf und der Spannungsfall an der Hauptleitung bis zu einem Leistungsbedarf von 100 kVA 0,5 % nicht überschreiten darf.

1.4 Das Hauptstromversorgungssystem

Zu dem Hauptstromversorgungssystem (HSV) gehören alle Hauptverteiler, Hauptleitungen und Betriebsmittel nach dem Hausanschlußkasten, die sich vor dem Zähler befinden. Die Steigleitungen bzw. Hauptleitungen müssen als Strahlennetz verlegt werden. Sie gehen von einer Hauptverteilung ab, die sich in nächster Nähe des Hausanschlußkastens befinden muß. Das heißt, es ist vom Hauptverteiler eine separate Hauptleitung zu jeder Zählergruppe zu verlegen. Im Hauptverteiler sind die Hauptleitungsabgänge so zu beschriften, daß ihre Zugehörigkeit zu den verschiedenen Kundenanlagen eindeutig ersichtlich ist.

Es ist bekannt, daß europaweit jeder VNB sein eigenes Süppchen kocht. Aus diesem Grund gibt es unterschiedliche Anforderungen für die Errichtung eines Hauptstromversorgungssystems. Wegen der Versorgungssicherheit haben fast alle Hauptstromversorgungssysteme das strahlenförmig aufgebaute Steigleitungsnetz. Einige VNBs bieten auch aneinandergereihte mehrteilige Hausanschlußkästen, so daß keine Hauptverteilung erforderlich ist, bzw. der Hausanschlußkasten gleichzeitig die Funktion eines Hauptverteilers übernimmt.

Ein HSV mit Freileitungseinspeisung ist so zu gestalten, daß bei einer späteren Umstellung auf Erdkabelhausanschluß eine Verlegung der Hauptleitungen in den Keller möglich ist. Dafür müssen von den Zählerschränken Leerrohre mit mindestens 50 mm Durchmesser in den Keller führen.

Grundsätzlich darf ein HSV in Treppenräumen und Kellerfluren installiert werden, es sind jedoch die unterschiedlichen Verordnungen, Bestimmungen und bauordnungsrechtlichen Anforderungen der verschiedenen Bundesländer zu beachten. Auf der Kellerdecke oder auf Kellerwänden dürfen Hauptleitungen auf Putz installiert werden. Außerhalb des Kellers ist

Bild 1.27.

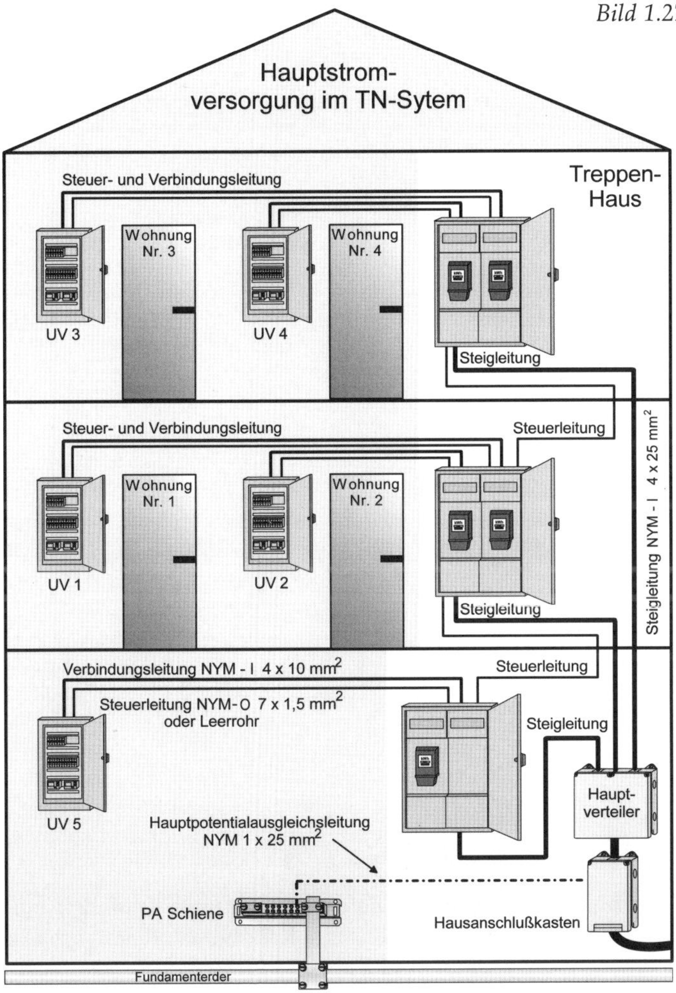

1. Elektroinstallation vom Hausanschluß bis zum Zähler

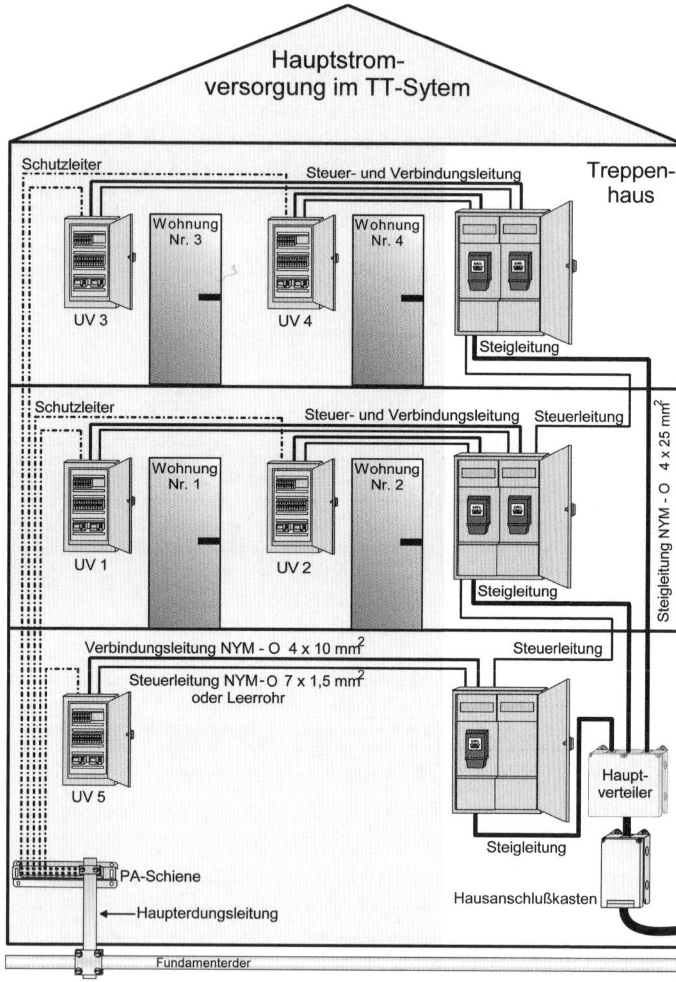

Bild 1.28.

die Verlegung der Hauptleitung nur in Rohren, Kanälen, Schächten oder unter Putz zulässig.

In Neuanlagen wird für die Zähleranordnungen in Mehrfamilienhäusern ein zentraler Raum im Kellergeschoß vorgesehen. Für ältere Wohngebäude mit Zähleranordnungen in den Stockwerken des Treppenhauses wird den Hausbesitzern oft eine HSV-Sanierung zur Auflage gemacht. In der Regel werden dabei alle Zähler in einem zentralen Raum im Keller montiert, das hat den Vorteil, daß sich der Aufwand für das Ablesen der Zähler verringert.

Für die spätere Nachrüstung einer Elektroheizung oder einer elektrischen Warmwasserbereitung ist es wichtig, siebenadrige Steuerleitungen für die Umschaltung von Doppeltarifzählern und die Steuerung von Schaltschützen zu berücksichtigen. Die Steuerleitungen werden vom Rundsteuergerät zu den Zählern und von dort bis zu den Stromkreisverteilern verlegt. Alternativ können auch Leerrohre für das spätere Einziehen der Steuerleitungen, verlegt werden.

Der Schutzleiter wird im TN-System in den Haupt- und Verbindungsleitungen, gemeinsam mit dem Neutralleiter als PEN-Leiter, bis zur Stromkreisverteilung verlegt (Bild 1.27).

Im TT-System ist darauf zu achten, daß der PE mit einer separaten Leitung von der Hauptpotentialausgleichschiene bis zum Stromkreisverteiler geführt wird (Bild 1.28).

1.5 Zählerplatz und Meßeinrichtung

Der Zählerschrank darf in Treppen-, Hausanschluß- und Zählerräumen bzw. in anderen leicht zugänglichen Räumen unter oder auf Putz montiert werden. Um Probleme zu vermeiden, ist es ratsam, die Anbringung, den Anbringungsort, die Art der Zähleranlage und die Netzform, die zur Ausführung kommt, mit dem zuständigen VNB abzustimmen.

Für die Größe der Zählernische ist die Anzahl der darin einzubauenden Zähler und Tarifsteuergeräte maßgebend. Die üblichen Einbaumaße für Zählernischen sind im Bild 1.29 zu sehen. Zu beachten ist, daß die Zählernische die Standfestigkeit der Wand und den geforderten Brand-, Wärme- und Schallschutz nicht beeinträchtigt.

Die Haupt-, Verbindungs- und Steuerleitungen sind senkrecht von unten oder von oben in den Zählerschrank einzuführen. Der Leitungsschlitz muß im Einführungsbereich die gleiche Tiefe wie die Zählernische haben.

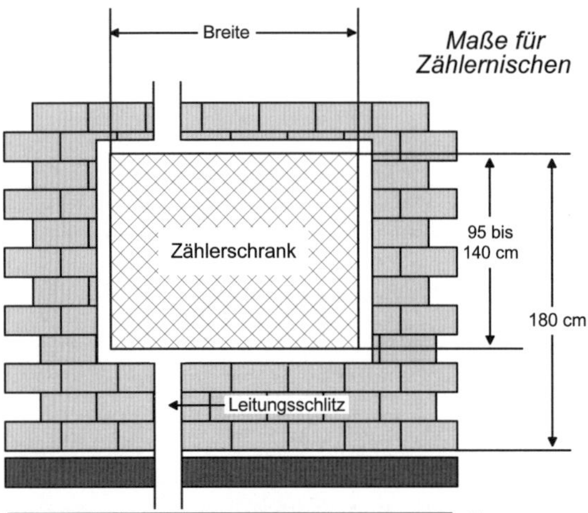

Anzahl Zählerplätze	Zählernische Breite in cm	Höhe in cm	Tiefe in cm
1	300	95 bis 140	14
2	550	95 bis 140	14
3	800	95 bis 140	14
4	1050	95 bis 140	14
5	1300	95 bis 140	14

Mindestmaße für Zählernischen (die Höhe ist abhängig von der Zählerschrank-Bestückung)

Bild 1.29.

In Ferien- und Wochenendhäusern, die nur zeitweise genutzt werden, können die Zähler in einem Zähleranschlußschrank im Freien montiert werden. Für den Zählerschrank im Freien wird meist die Schutzart IP 44 und für die Zählergehäuse im Zählerschrank die Schutzart IP 54, mit einer Klarsichtabdeckung, gefordert.

In der Regel wird ein Anschluß von maximal 8 Zählern an einem gem einsamen Sammelschienensystem zugelassen. Fast jedes VNB fordert einen Zählerplatz, der für die Aufnahme eines Tarifsteuergerätes vorbereitet ist, auch dann, wenn ein Tarifsteuergerät für die geplante Ausführungsart der Anlage nicht erforderlich ist. In Mehrfamilienhäusern ist ein weiterer Zählerplatz für einen Allgemeinkostenzähler zu berücksichtigen. Zu den Allgemeinkostenverbrauchern gehören die Treppenhaus-, Dachboden-, Hof-, Öltankraum- und Kellerbeleuchtung sowie die Öl- oder Gas- Zentralheizugsanlage usw. Darüber hinaus ist ein weiterer Zählerplatz erforderlich, wenn eine Elektro-Heizungsanlage in einem Gewerbe- oder Landwirtschaftsbetrieb angeschlossen werden soll. Die Zugehörigkeit der Meß- und Steuereinrichtungen zu den Abnehmeranlagen muß eindeutig aus der Kennzeichnung hervorgehen.

Im unteren Anschlußraum des Zählerschrankes sind Sammelschienen und SHS oder NH-Sicherungen eingesetzt (Bild 1.30). Grundsätzlich müssen die Überstromschutzeinrichtungen im Hausanschlußkasten, Zählerschrank und Stromkreisverteiler so gewählt werden, daß sie eine Selektivität zueinander besitzen. Als grober Richtwert gilt der Faktor 1,6 : 1. Das bedeutet, wenn zum Beispiel die Hausanschlußsicherung eine Größe von 63 A besitzt, darf die Sicherung im Zählerschrank nicht größer sein als 63 A / 1,6 = 39 A. Die nächste darunter liegende Nennstromgröße (35 A) kann in diesem Fall als Zählervorsicherung gewählt werden. Die nachgeschaltete Sicherung in der Stromkreisverteilung darf, bei einer 35 A Sicherung im Zählerschrank, nicht größer sein als 35 A / 1,6 = 21 A bzw. Nennstromgröße 20 A.

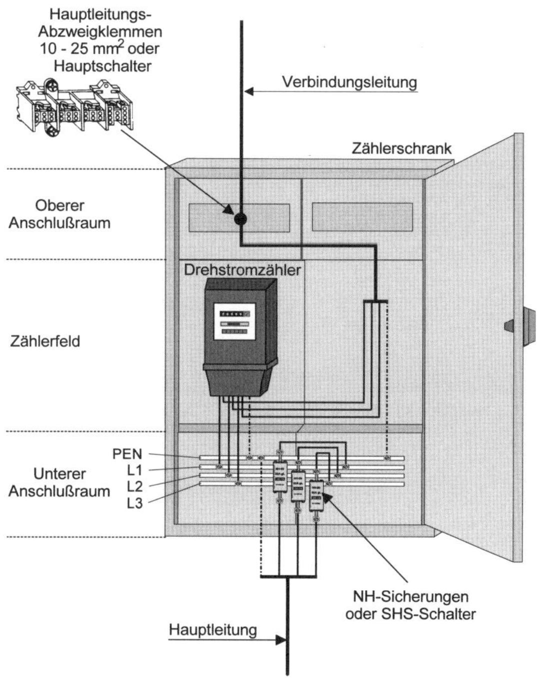

Bild 1.30.

Im oberen Anschlußraum des Zählerschrankes sollte, wenn keine SHS (Bild 1.31), sondern NH-Sicherungen als Zählervorsicherungen verwendet werden, pro Zähler ein dreipoliger Hauptschalter und in TT-Systemen ein vierpoliger Hauptschalter zum Freischalten der Stromkreisverteiler eingebaut werden. Im Regelfall bestimmt das VNB die Werte für den Anschluß einer Verbraucheranlage (Bild 1.32). Der Stromkreisverteiler darf nur bei Einfamilienhäusern im Zählerschrank eingebaut werden (Bild 1.33). Grundsätzlich sollte die Montage der Stromkreisverteilung bevorzugt im Wohnbereich (Flur oder Diele) geschehen.

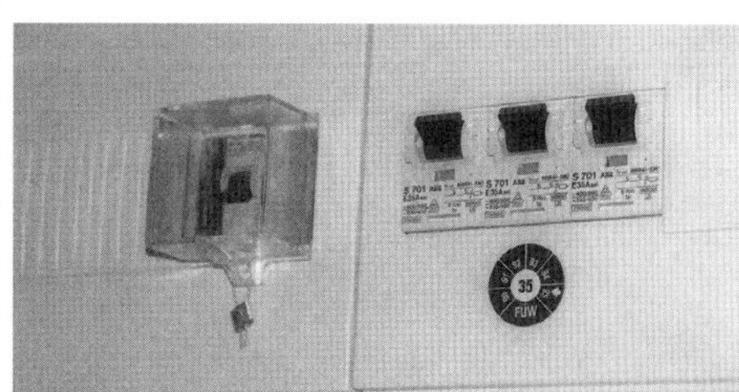

Bild 1.31.

Für das Laden von elektrischen Speicherheizgeräten werden von den VNBs preisgünstige Tarife (NT) angeboten. Der Strom-

Bild 1.32.

Richtwerte für den Anschluß einer Verbraucheranlage

Drehstrom									
Grenzleistung durch SHS begrenzt (kVA)	10	15	20	20	25	30	40	50	65
Zählergröße (A)	10/40	10/40	10/40	10/40	10/40	10/60	10/60	20/100	20/100
Zählerverdrahtung (mm^2 Cu)	10	10	10	10	10	10	10	25	25
SHS (A)	20	25	32	35	40	50	63	80	100
Hausanschluß-Sicherung (A)	35	50	63	63	63	80	100	125	160

Wechselstrom						
Grenzleistung durch SHS begrenzt (kVA)	2	4	5	6	7	8
Zählergröße (A)	10/40	10/40	10/40	10/40	10/40	10/40
Zählerverdrahtung (mm^2 Cu)	10	10	10	10	10	10
SHS (A)	10	16	20	25	32	35
Hausanschluß-Sicherung (A)	35	35	35	50	63	63

Bild 1.33.

Bild 1.34.

Bild 1.35.

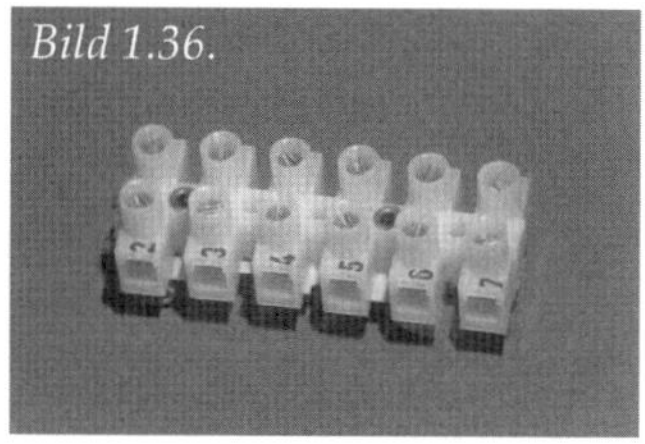
Bild 1.36.

verbrauch von Speicherheizgeräten ist relativ hoch. Aus diesem Grund werden die Speicherheizgeräte nur zu Tages- oder Nachtzeiten mit geringer VNB-Netzbelastung aufgeladen. Das Einschalten von entladenen oder nur zum Teil aufgeladenen Speicherheizgeräten erfolgt automatisch über Rundsteuerempfänger oder Tarifschaltuhren (Bild 1.34). Vom Rundsteuerempfänger wird ein sogenanntes Kundenrelais angesteuert, mit dem ein Doppeltarifzähler (Bild 1.35) von der Hochtarif- auf Niedertarifmessung umgeschaltet wird. Gleichzeitig wird die Ladeautomatik einer elektrischen Raumheizung oder der Schaltschütz für das Laden von Warmwasserspeichern angesteuert und der Ladevorgang freigegeben.

Diese Steuerung erfolgt über eine siebenadrige Steuerleitung, die vom Tarifsteuergerät zu jeder Stromkreisverteilung geführt wird. Für die Verdrahtung der Steuerleitung werden im Zählerschrank und in der Stromkreisverteilung spezielle Steuerleitungsklemmen (Bild 1.36) verwendet.

Die Bilder 1.37 bis 1.39 zeigen Beispiele für Verbraucheranlagen mit gemeinsamer und getrennter Zählung von Speicherheizgeräten und allgemeinen Verbrauchern.

Schaltplan für Allgemeinen Tarif mit Schwachlastregelung und Warmwasserversorgung

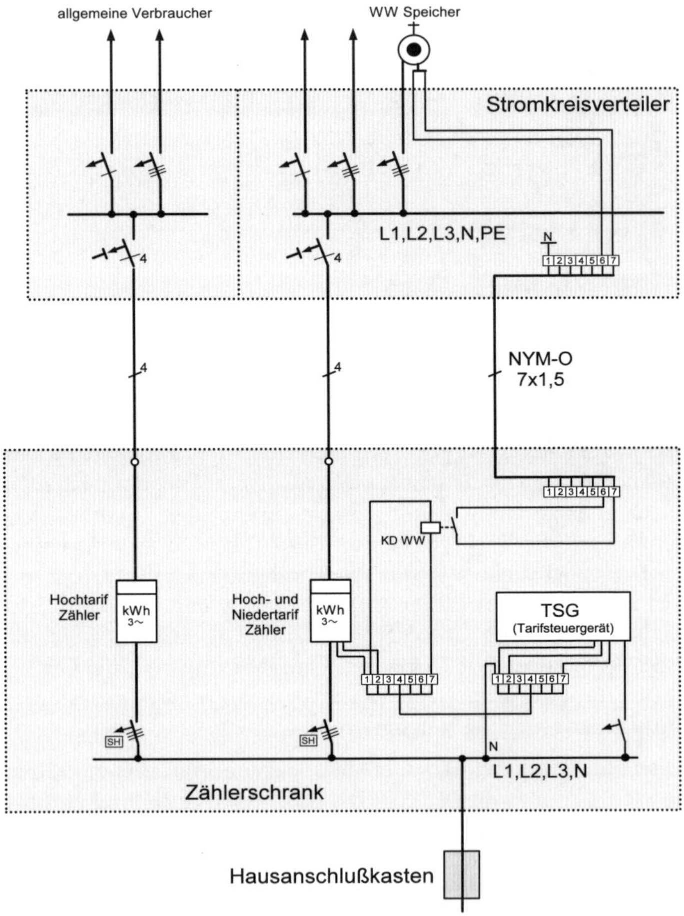

Bild 1.37.

Getrennte Zählung für Elektrische-Speicherheizung und allgemeinen Verbrauch

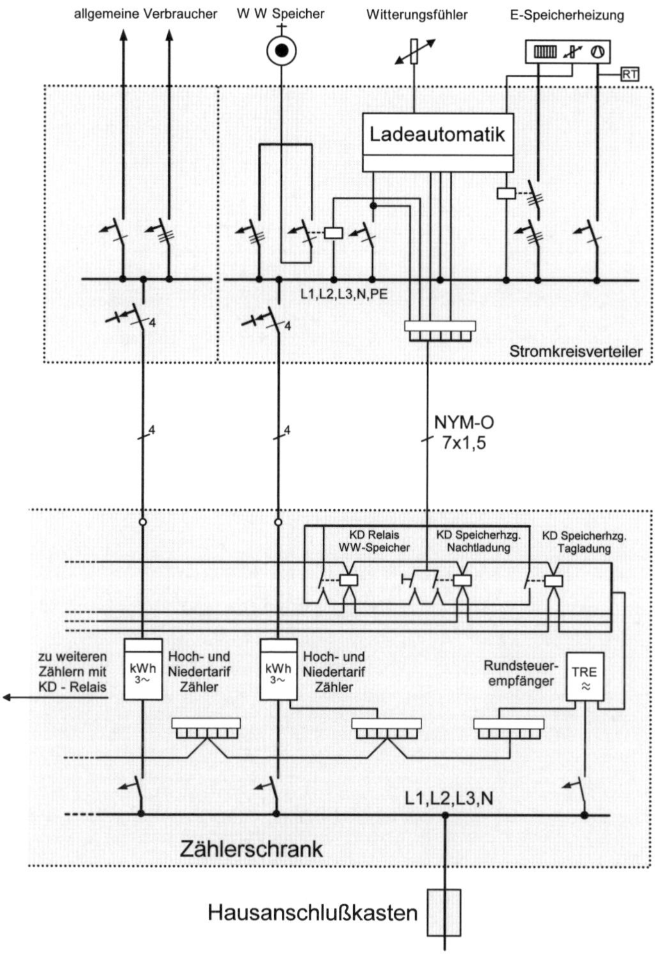

Bild 1.38.

Gemeinsame Zählung für Warmwasser-Speicher und allgemeinen Verbrauch

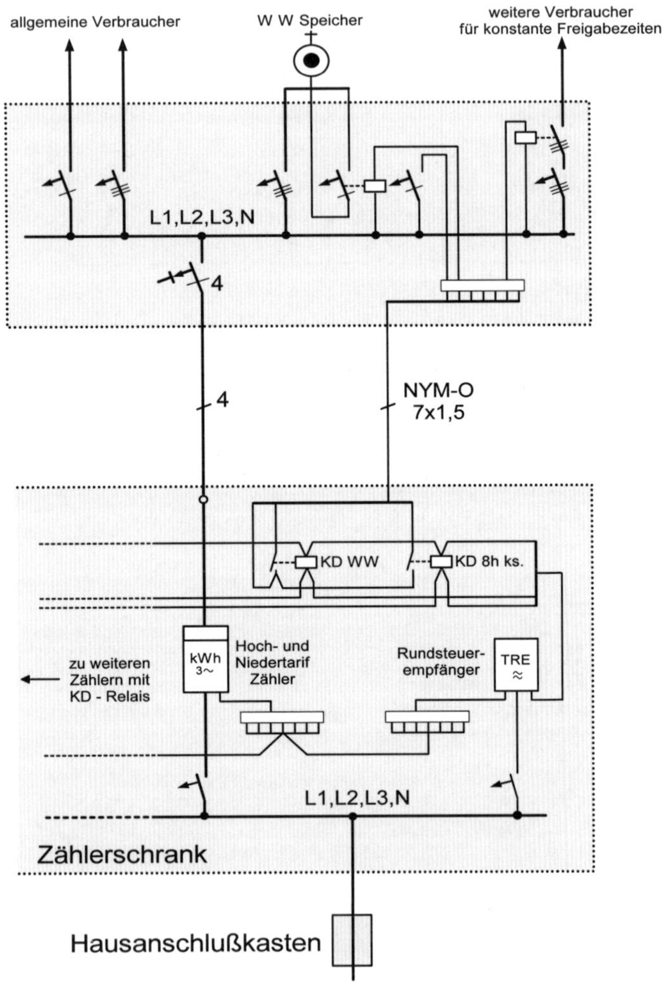

Bild 1.39.

1.6 Der Anlagenerder

Für Neuanlagen ist als elektrischer Anlagenerder ein sogenannter Fundamenterder gefordert. In TN-Systemen wird mit Hilfe des Fundamenterders die Wirkung des Hauptpotentialausgleichs verbessert. Die Einhaltung eines bestimmten Erdausbreitungswiderstandes, für den elektrischen Anlagenerder im TN-System, ist nicht gefordert.

Die elektrische Anlagenerde im TT-System muß einen ausreichenden Erdausbreitungswiderstand besitzen, damit die Schutzmaßnahme funktioniert (Bild 1.40). Aus Erfahrungswerten geht hervor, daß der Erdausbreitungswiderstand eines

Maximaler Widerstand der elektrischen Anlagenerde im TT-System *Bild 1.40.*

$$R_A \leq \frac{U_L}{I_{\Delta N}}$$

R_A *maximal zulässiger Erdungswiderstand*

$I_{\Delta N}$ *Nennfehlerstrom des FI-Schutzschalters*

U_L *maximal dauernd zulässige Berührungsspannung*

Nennfehlerstrom des FI-Schalter	0,010 A	0,030 A	0,100 A	0,300 A	0,500 A
maximaler Erdungswiderstand bei U_L = 50 V	5000 Ω	1666 Ω	500 Ω	166 Ω	100 Ω
maximaler Erdungswiderstand bei U_L = 25 V	2500 Ω	833 Ω	250 Ω	83 Ω	50 Ω
maximaler Erdungswiderstand nach selektiven FI-Schaltern bei U_L = 50 V			250 Ω	83 Ω	50 Ω
maximaler Erdungswiderstand nach selektiven FI-Schaltern bei U_L = 25 V			125 Ω	41 Ω	25 Ω

Fundamenterders im Einfamilienhaus in der Regel zwischen 5 bis 15 Ohm liegt. Bei Gebäuden mit einer größeren, vom Fundamenterder umschlossenen Fläche liegt der Erdausbreitungswiderstand bei ca. 1 Ohm.

Für den elektrischen Betriebserder einer Ortsnetztransformatorstation ist ein Erdausbreitungswiderstand entsprechend der VDE 0141 einzuhalten, unabhängig von der Schutzmaßnahme, die in der Verbraucheranlage angewendet wird. Meist besitzt eine Trafostation nur ein relativ kleines Fundament, so daß der Fundamenterder mit einem im Erdreich verlegten Erder, z.B. Strahlen-, Ring- oder Tiefenerder kombiniert werden muß, damit der erforderliche Erdausbreitungswiderstand erreicht wird.

Bild 1.41.

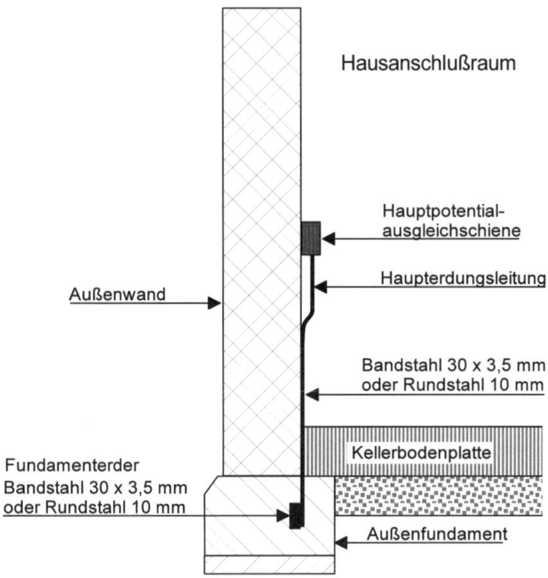

Als Werkstoff für Fundamenterder verwendet man Rundstahl mit mindestens 10 mm Durchmesser oder Bandstahl 30 × 3,5 mm. Zulässig ist die Verwendung von verzinktem und schwarzem Stahl. Die Haupterdungsleitung (Bild 1.41) sollte jedoch PVC-isoliert oder zumindest verzinkt sein.

Es ist zu beachten, daß der Fundamenterder allseitig von einigen Zentimetern Beton umgeben ist und als geschlossener Ring gemäß der DIN 18014 verlegt wird (Bild 1.42). Teile des Fundamenterders können mit geeigneten Klemmen oder durch Schweißen zusammengeschlossen werden. Das gilt auch für die Verbindung vom Fundamenterder zur Haupterdungsleitung. Bei Fundamenten mit Stahlbewehrung empfiehlt es sich, den Betonstahl alle 2 bis 3 m mit dem Fundamenterder zu verbinden.

Für Gebäude, die allseitig mit einer Kunststoffwanne vom Erdreich isoliert sind, ist der Fundamenterder, vor allem im TT-System, mit einem im Erdreich verlegten Erder zu kombinieren, so daß der erforderliche Erdausbreitungswiderstand (Bild 1.40) erreicht wird. Nur bei eingehaltenem Erdausbreitungs-

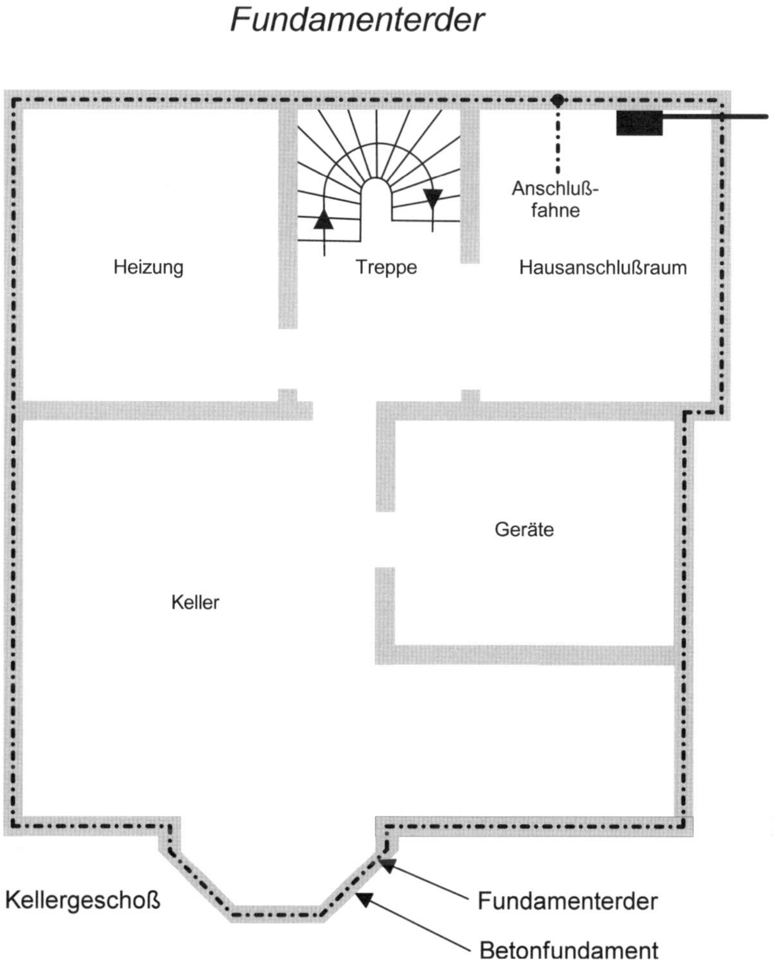

Bild 1.42.

widerstand ist im TT-System im Fehlerfall ein sicheres Auslösen des FI-Schutzschalters möglich.

Als Erder im Erdreich eignet sich ein sognannter Ringerder aus Kupfer mit 8 mm Durchmesser, der im Abstand von ca. 1 m die Gebäudeaußenkanten umschließt und etwa 0,5 m tief im Erdreich eingebracht wird.

Bild 1.43.

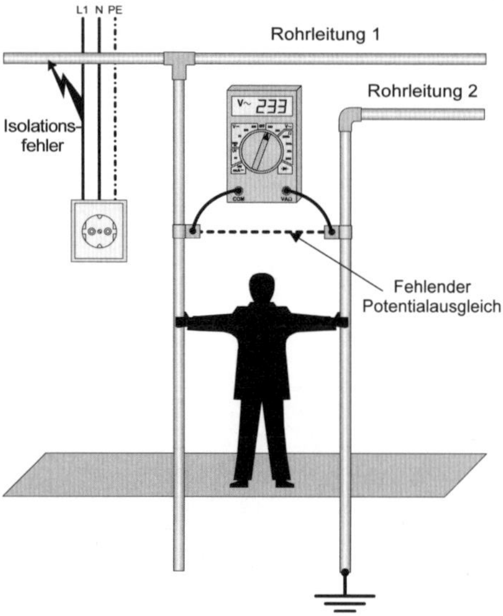

Die Verwendung von erdfühlig verlegten Rohrleitungen, als elektrischer Anlegenerder, ist nicht mehr zulässig.

1.7 Der Hauptpotentialausgleich

Bei fehlendem Hauptpotentialausgleich können, im Falle eines Isolationsfehlers an elektrischen Leitungen, lebensgefährliche Potentialunterschiede bzw. Spannungen zwischen leitfähigen Teilen und dem Schutzleiter entstehen (Bild 1.43). Durch den Hauptpotentialausgleich und den zusätzlichen Potentialausgleich wird dies verhindert. Die Verbindung der Haupterdungsleitung

Bild 1.44.a.

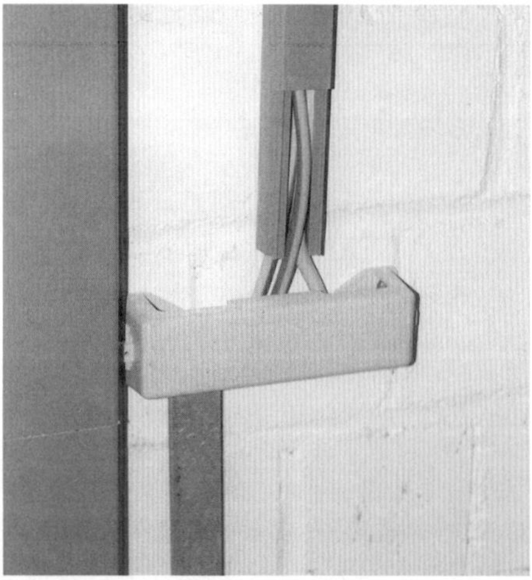

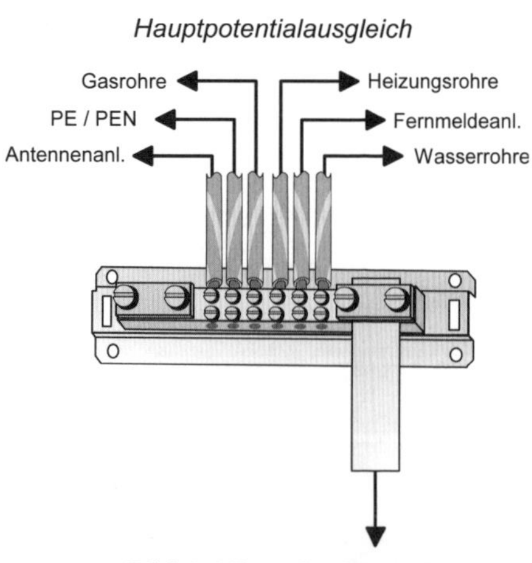

Bild 1.44b.

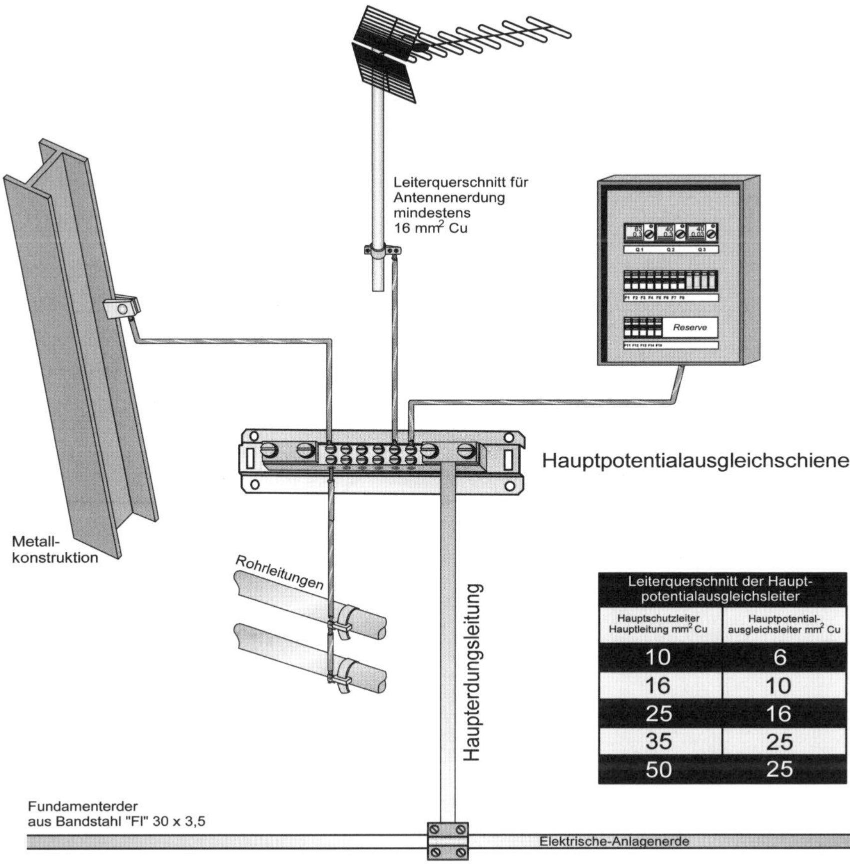

Bild 1.45.

mit elektrisch leitenden Rohrsystemen und Konstruktionen ist im Zuge des Hauptpotentialausgleichs über eine Potentialausgleichschiene herzustellen (Bild 1.44). Die Hauptpotentialausgleichschiene ist im Hausanschlußraum so nah wie möglich an der Haupterdungsleitung anzubringen.

Im TT-System ist eine Verbindung von der Hauptpotentialausgleichschiene zum PE der Stromkreisverteilung herzustellen (Bild 1.45). Dabei ist zu beachten, daß der Hauptpotentialaus-

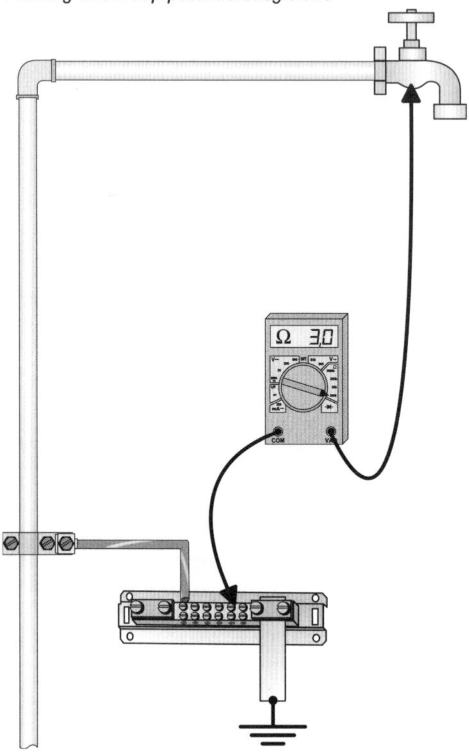

Bild 1.46.

gleichsleiter als separate einpolige Leitung und nicht in der gleichen Leitung wie die Außenleiter und der Neutralleiter zur Stromkreisverteilung verlegt wird.

Im TN-System wird der Potentialausgleichsleiter nicht zur Stromkreisverteilung, sondern zum Hausanschlußkasten geführt und dort mit dem PEN-Leiter der Hauptleitung zusammengeschlossen.

Ein Potentialausgleichsleiter ist ein Schutzleiter und muß wie dieser in seinem gesamten Verlauf grüngelb gekennzeichnet sein. Die Mindestquerschnittsfläche eines Hauptpotentialausgleichsleiters ist abhängig von der Querschnittsfläche des Hauptschutzleiters (Tabelle, Bild 1.45). Zu beachten ist, daß einige Energie-Versorgungs-Unternehmen als Mindestquerschnittsfläche für den Hauptpotentialausgleichsleiter 10 Quadratmillimeter Cu fordern. Bei einer größeren Hauptschutzleiterquerschnittsfläche, wie 50 Quadratmillimeter Cu, kann der Hauptpotentialausgleichsleiter auf 25 Quadratmillimeter Cu begrenzt werden.

Die von der Hauptpotentialausgleichschiene am weitesten entfernte Rohrleitung oder Metallkonstruktion sollte keinen höheren Widerstand als 3 Ohm aufweisen (Bild 1.46).

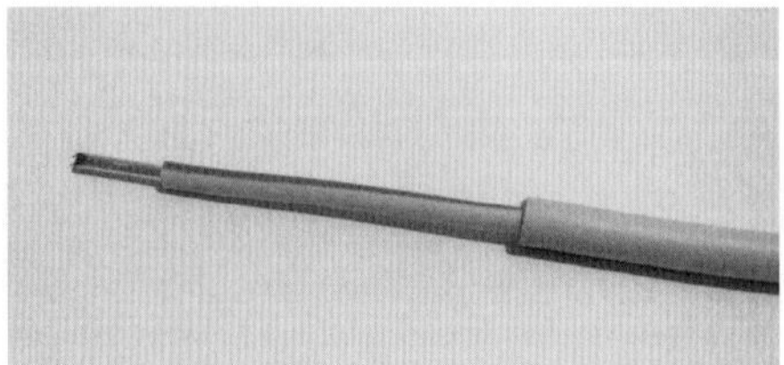

Bild 1.47. Potentialausgleichleitung NYM-I (1×10 mm^2).

2. Elektroinstallation vom Zähler bis zum Stromkreisverteiler

Nachdem nun die Installation von außen ins Haus gelangt und zu den einzelnen Zählerschränken verlegt ist, beginnt die Installation innerhalb der einzelnen Wohneinheiten. Dazu gehören:

- die Verbindungsleitung,
- der Stromkreisverteiler,
- die Fehlerstrom-Schutzeinrichtung,
- die Überstrom-Schutzeinrichtung.

2.1 Die Verbindungsleitung

Eine Verbindungsleitung ist in Wohngebäuden die Leitung vom Zählerplatz zum Stromkreisverteiler (Bild 2.1). Im Einfamilienhaus lassen die VNB den Einbau des Stromkreisverteilers im Zählerschrank zu. In diesem Fall gibt es keine Verbindungsleitung. Ab einem zentralen Zählerplatz für zwei Wohnungen dürfen die Stromkreisverteiler nicht mehr im Zählerschrank montiert werden. Sinnvoll ist es, in Mehrfamilienhäusern die Stromkreisverteiler im Flur oder in der Diele der Wohnung einzubauen.

Verbindungsleitungen sind im Normalfall als Drehstromleitung für eine Belastung von mindestens 63 A auszulegen. Schon seit längerer Zeit gilt die Forderung, eine Hauptleitung auch dann als Drehstromleitung auszuführen, wenn nur Wechselstromzähler vom VNB eingebaut werden. Diese Forderung ist auch für Verbindungsleitungen einzuhalten. Die freien Enden der nicht verwendeten Adern sind zu isolieren. Im TT-System werden für die Verbindungsleitung am häufigsten die Leitungstypen NYM-O oder NYY-O gebraucht. Die Leitungstypen NYM-I und NYY-I verwendet man im TN-System. Aus Gründen der EMV sollte auch im TN-System die Verbindungsleitung

2. Elektroinstallation vom Zähler bis zum Stromkreisverteiler

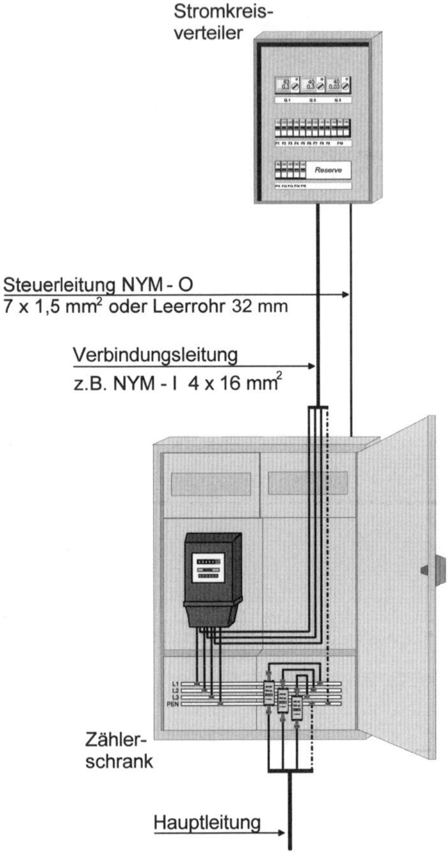

Bild 2.1.

fünfpolig in TN-S ausgeführt werden, da bei getrennter Verlegung von N- und PE-Leiter keine Betriebsströme über den Schutzleiter fließen. Bei Elektro- Heizungen mit gleichmäßig belasteten Außenleitern ist, für die Querschnittsfläche der Verbindungsleitung, der Anschlußwert der Elektroheizung maßgebend (Bild 2.2). Zu berücksichtigen ist ein maximal zulässiger Spannungsfall an Verbindungsleitungen von 0,5 %.

Wie schon bei der Hauptleitung (Kapitel 1.3), ist auch bei der Verbindungsleitung zwischen Zählerplatz und Stromkreisverteilung die Dimensionierung der Überstrom-Schutzeinrichtungen, unter Berücksichtigung der Selektivität, durchzuführen.

Die Verbindungsleitung darf nur in allgemein zugänglichen Räumen wie Treppenhäusern, Kellerfluren, usw. verlegt werden. In Heizräumen mit einer Heizleistung größer als 50 kW darf eine Verbindungsleitung nicht verlegt werden.

Bild 2.2.

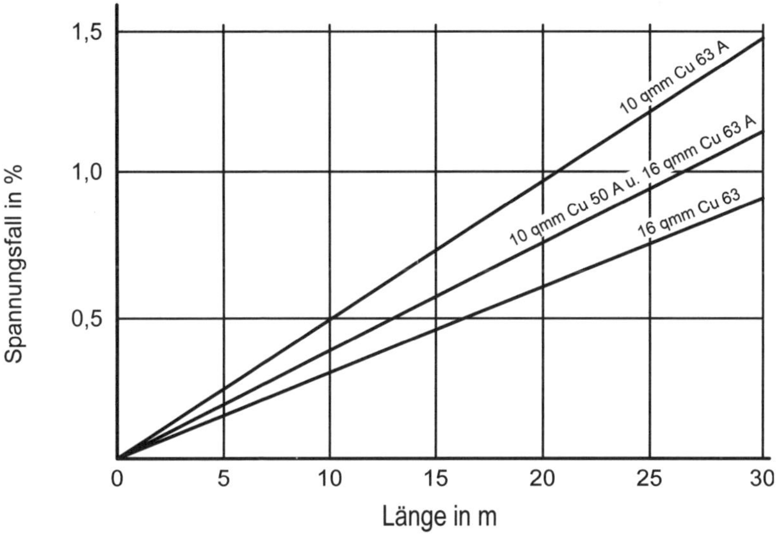

Maximale Leitungslänge der Verbindungsleitung unter Berücksichtigung des Spannungsfalles bei einer Nennspannung von 400 V

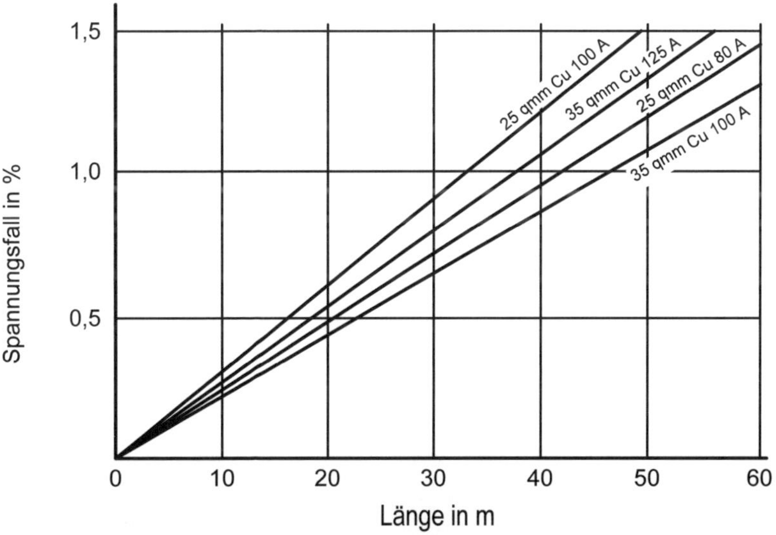

Maximale Leitungslänge der Verbindungsleitung unter Berücksichtigung des Spannungsfalles bei einer Nennspannung von 400 V

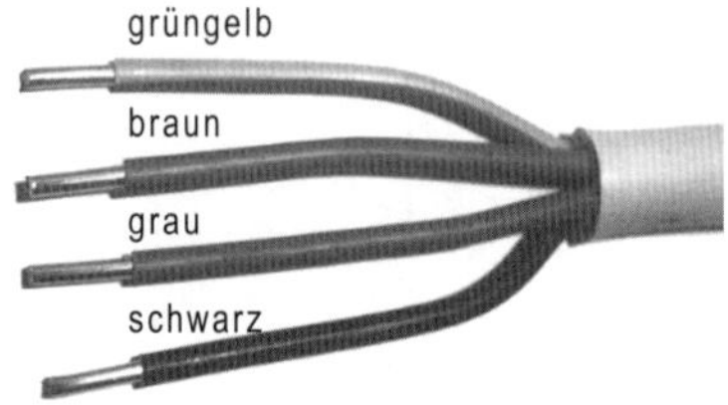

Bild 2.3. Verbindungsleitung für ein TN-C-System NYM-I, 4 × 10 mm².

Zu beachten ist, daß für die Verbindung von Zählerplatz und Stromkreisverteilung auch eine Steuerleitung oder ersatzweise ein Leerrohr erforderlich ist.

2.2 Der Stromkreisverteiler

Bild 2.4.

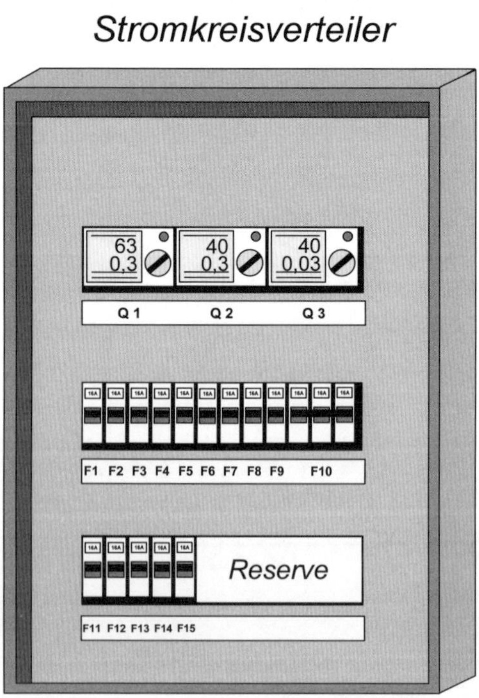

Die Stromkreisverteilung enthält die erforderlichen Fehler- und Überstrom-Schutzeinrichtungen sowie Zeit-, Stromstoßschalter und Klingeltransformatoren für die Wohnungsinstallation (Bild 2.4). Die Betriebsmittel werden in der Stromkreisverteilung auf 35-mm-Hutprofilschienen (Bild 2.5) montiert bzw. aufgeschnappt. Für sogenannte Einraumwohnungen ist ein einreihiger Stromkreisverteiler ausreichend. In Mehrraumwohnungen müssen die Stromkreisverteiler mindestens zweireihig sein. Besser ist es, eine dreireihige Stromkreisverteilung vorzusehen, in der eine Reihe mit Reihenklemmen und Neutralleitertrennklemmen für

Bild 2.5.

den Anschluß der abgehenden Installationsleitungen bestückt wird (Bild 2.6). Das hat den Vorteil, daß die Leitungen ohne Abklemmen nach dem Lösen der Neutralleitertrennklemmen auf eventuelle Isolationsfehler geprüft werden können. Fehler sind somit einfacher und schneller zu finden. Auch Änderungen an der Stromkreisaufteilung sind mit Hilfe von Reihenklemmen einfacher durchzuführen. Die Hutprofilschiene wird bei einer Verdrahtung mit Reihenklemmen als Schutzleiterschiene verwendet.

Für die Größe der Stromkreisverteiler sind, über die Mindestgröße hinausgehend, die Anzahl der vorhandenen Hausgeräte mit hohem Stromverbrauch und die Anzahl der Steckdosen sowie Beleuchtungsstromkreise maßgebend. Hinzu kommt der Platzbedarf für Reiheneinbaugeräte wie Schaltuhren, Relais, Schütze und zusätzliche Fehlerstromschutzschalter. Des weiteren sollte ein Reserveplatz für Nachinstallationen vorhanden sein. Der freibleibende Reserveplatz wird mit einem Blindabdeckstreifen (Bild 2.7) an der Verteilerabdeckung geschlossen. Der Abdeckstreifen ermöglicht ein Zuschneiden oder Abbrechen nach Teilungseinheiten. Um ein Auslösen der Zählervorsicherung zu vermeiden, sollte bei der Verdrahtung der Stromkreisverteilung auf eine gleichmäßige Aufteilung der Verbraucher auf die Außenleiter der Verbindungsleitung geachtet werden.

Eine Reihe besitzt in der Regel 12 Teilungseinheiten. Das Maß für eine Teilungseinheit ist 18 mm. In eine Reihe können somit z.B. 12 Leitungsschutzschalter oder 3 FI-Schutzschalter integriert werden (Bild 2.8). Darüber hinaus ist bei der Montage zu beachten, daß der Mindestabstand zwischen zwei Hutprofilschienen 112,5 mm bzw. im Installationskleinverteiler 125 mm betragen soll. Der sich dadurch ergebende Verdrahtungsraum ermöglicht eine saubere Verdrahtung der Verteilung.

Installationskleinverteiler sind erhältlich für den Wandeinbau und den Wandaufbau sowie für trockene und feuchte Räume.

Bevorzugter Montageort für die Stromkreisverteilung ist der Flur oder die Diele. Auf eine möglichst zentrale Anordnung der Stromkreisverteilung in der Wohnung ist zu achten; dadurch

2. Elektroinstallation vom Zähler bis zum Stromkreisverteiler

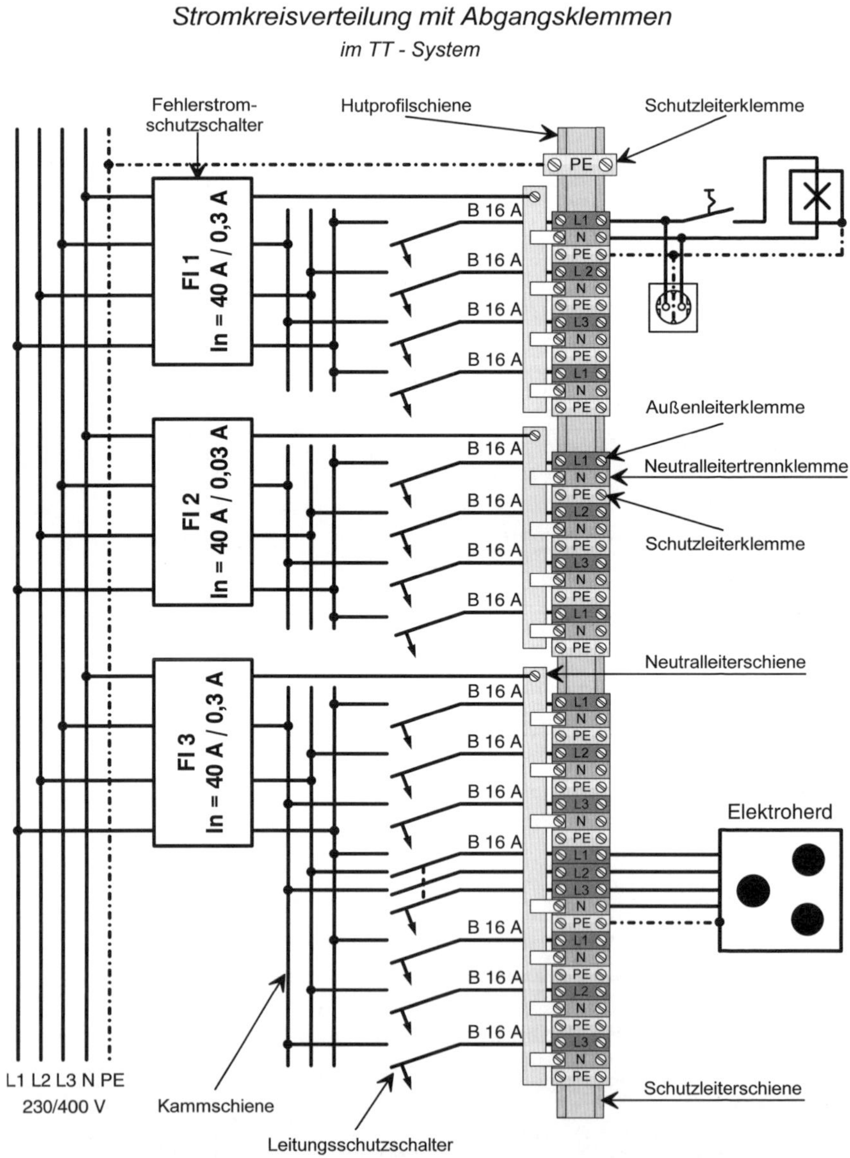

Bild 2.6.

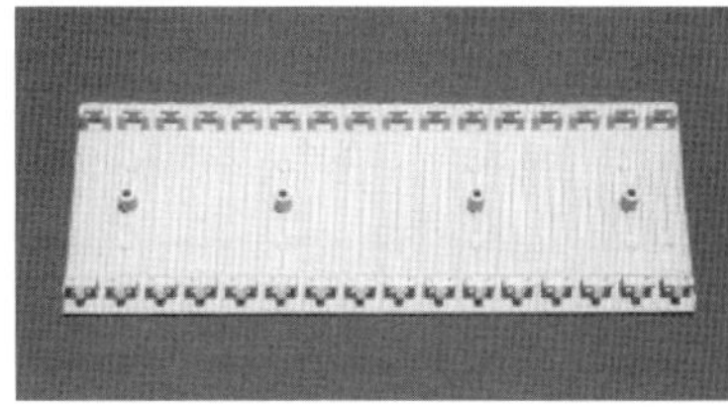

Bild 2.7.

ergeben sich kurze Leitungswege für die Installationsleitungen. Ein weiterer Aspekt für die Festlegung des Montageortes ist die Nähe der Stromkreisverteilung an einem Belastungsschwerpunkt. Die Nähe der Küche oder des Hauswirtschaftsraumes kann ein guter Montageplatz sein, weil sich dadurch kurze Leitungswege zu Großgeräten, wie Elektro- und Mikrowellenherd oder Bügelmaschine, ergeben. Alle von der Stromkreisverteilung abgehenden Installationsleitungen müssen so ausgelegt sein, daß der gemeinsame Spannungsfall, der von Verbindungsleitung und Installationsleitung verursacht wird, nicht größer ist als 3 %. Der Stromkreisverteiler sollte in einer Höhe angebracht sein, die eine leichte Bedienung zuläßt. In der Praxis sieht das oft anders aus. Ein extremes Negativbeispiel ist die all zu oft bei Steigleitungssanierung ausgeführte Montage der Stromkreisverteilung über der Wohnungstür (Bild 2.9). Grundsätzlich ist die Montage von Stromkreisverteilern an Stellen, die nur mit Leiter, Stuhl oder sonstigen Hilfsmitteln erreichbar sind, nicht

Bild 2.8.

Teilungseinheiten

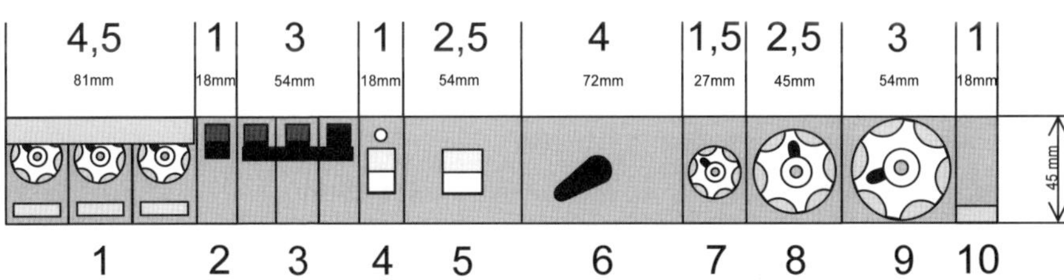

1 = Lasttrennschalter 3polig
2 = Leitungsschutzschalter 1polig
3 = Leitungsschutzschalter 3polig
4 = Ausschalter 1polig
5 = Ausschalter 3polig
6 = Fehlerstromschutzschalter 4polig
7 = Neozed-Sicherungssockel 1polig
8 = Diazed-Sicherungssockel 1polig DII
9 = Diazed-Sicherungssockel 1polig DIII
10 = Stromstoßschalter

zulässig ist. Die ideale Montagehöhe für Stromkreiskleinverteiler liegt bei etwa 1,5 m.

Im TN-System müssen alle von der Stromkreisverteilung abgehenden Leitungen als TN-S-System ausgeführt werden. Einzige Ausnahme bilden Leitungen mit einer größeren Querschnittsfläche als 6 Quadratmillimeter, die als Zuleitung für eine weitere Stromkreisverteilung dienen. Abhängig vom Montageort der Stromkreisverteilung, sind ein Schutz gegen eindringendes Wasser und ein Schutz vor Fremdkörpern erforderlich. Die Kennzeichnung der Schutzart besteht aus den Buchstaben IP (Abk. für Internationaler Schutz) sowie zwei weiteren Zeichen nach den Buchstaben IP und einem grafischen Symbol, mit dem die Schutzart dargestellt wird (Bild 2.10).

Bild 2.9.

Stromkreisverteiler und elektrische Betriebsmittel, die im Freien oder in feuchten bzw. nassen Räumen montiert werden, müssen mindestens gegen Tropfwasser (IP X1) geschützt sein. Ein ungeschützter Stromkreisverteiler im Freien sollte vor Strahlwasser abgesichert sein und somit der Schutzart IP-X5 entsprechen. In der Regel besitzt ein strahlwassergeschützter Stromkreisverteiler zugleich einen Schutz gegen eindringenden Staub, somit ergibt sich die Schutzart IP-54. Bei der Schutzart IP-68 ist auch ein Schutz gegen Druckwasser vorhanden. Das bedeutet, der so geschützte Stromkreisverteiler könnte bis zu einer Tiefe, die vom Hersteller angegeben wird, ins Wasser eingetaucht werden. Normalerweise reicht in Wohnräumen die Schutzart IP 2X (Schutz gegen feste Objekte mit einem Durchmesser, der größer ist als 12,5 mm) und für den Werkraum IP 5X (staubgeschützt) aus.

Für die Stromkreisverteilung ist eine Freischaltvorrichtung in Form eines FI-Schutzschalters, Hauptschalters oder SH-Schalters zu berücksichtigen.

Leitungsschutzschalter, die in Stromkreisverteilern zum Einsatz kommen, müssen eine Kurzschlußfestigkeit von 6 000 A aufweisen. Befindet sich der Stromkreisverteiler in nächster Nähe einer Ortsnetztrafostation, kann es sein, daß 6 000 A nicht ausrei-

Bild 2.10.

IP - Schutzklassen

(**I**nternational **P**rotection)

Nach DIN VDE 0470

	1. Ziffer: Berührungs- und Fremdkörperschutz		2. Ziffer: Wasserschutz	
IP	0X	nicht geschützt	X0	nicht geschützt
IP	1X	geschützt gegen große Fremdkörper mit einem Durchmesser größer/gleich 50 mm	X1	geschützt gegen senkrecht fallendes Tropfwasser
IP	2X	geschützt gegen mittelgroße Fremdkörper mit einem Durchmesser größer/gleich 12,5 mm	X2	geschützt gegen Tropfwasser auf Betriebsmittel mit Neigung bis 15°
IP	3X	geschützt gegen kleine Fremdkörper mit einem Durchmesser größer/gleich 2,5 mm	X3	geschützt gegen Sprühwasser mit einem Einfallwinkel bis zu 60°
IP	4X	geschützt gegen kornförmige Fremdkörper größer/gleich 1 mm	X4	geschützt gegen Spritzwasser
IP	5X	geschützt gegen Staubablagerungen	X5	geschützt gegen Strahlwasser
IP	6X	geschützt gegen Staubeintritt	X6	geschützt gegen starkes Strahlwasser
		IP	X7	geschützt gegen zeitweiliges Untertauchen (15 cm, 100 cm)
		IP	X8 ..bar	geschützt gegen dauerndes Untertauchen

Kennzeichnung durch nachgestellte Zusatzbuchstaben:

1. Buchstabe:
- A Schutz gegen berühren mit dem Handrücken
- B Schutz gegen Zugang mit dem Finger
- C Geschützt gegen Zugang mit Werkzeugen
- D Geschützt gegen Zugang mit Draht

2. Buchstabe:
- H Betriebsmittel für Hochspannung
- M Geprüft auf Wassereintritt bei laufender Maschine
- S Geprüft auf Wassereintritt bei stehender Maschine
- W Geeignet für festgelegte Witterungsbedingungen

2. Elektroinstallation vom Zähler bis zum Stromkreisverteiler

Bild 2.11.

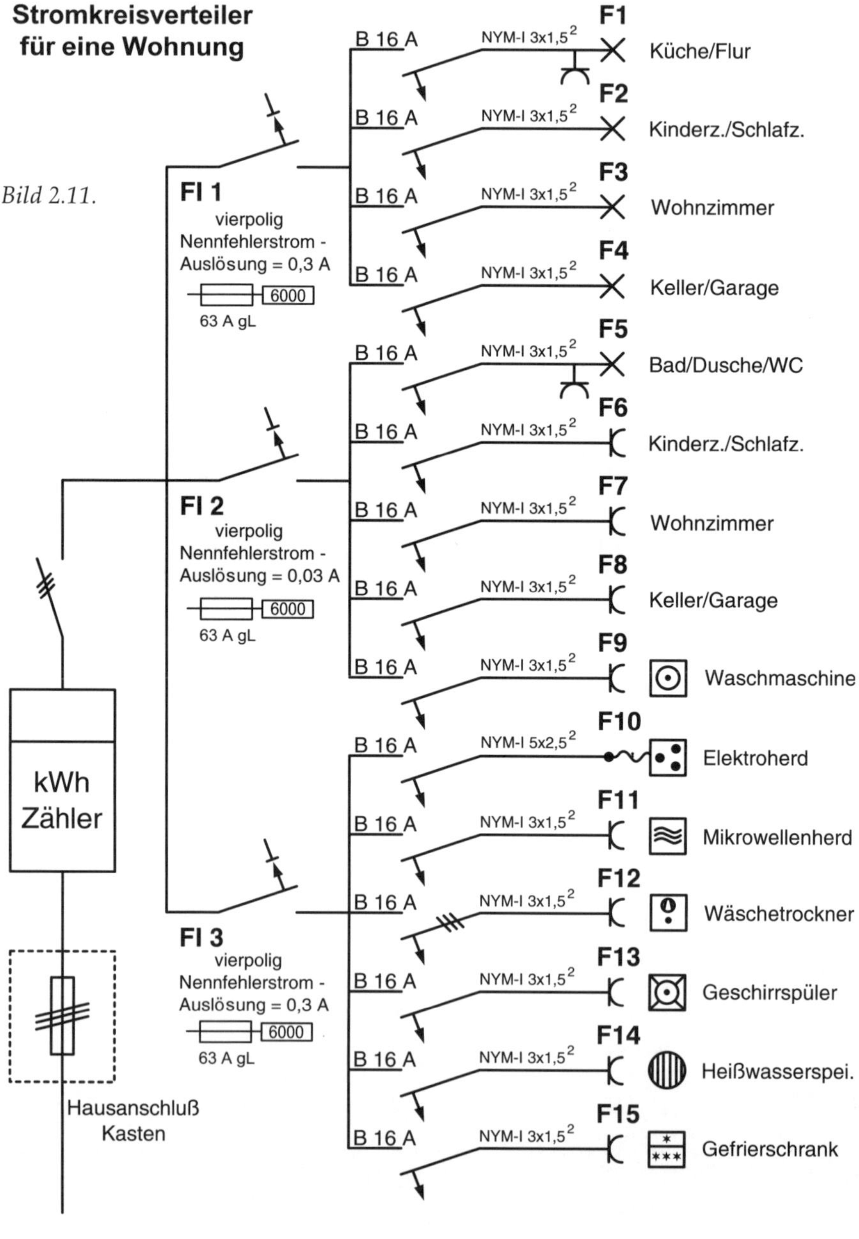

chend sind. Für diesen Fall gibt es Leitungsschutzschalter bzw. FI-Schutzschalter mit einer Kurzschlußfestigkeit von 10 000 A.

Schmelzsicherungen eignen sich nicht als Überstromschutzeinrichtung für Steckdosen und Beleuchtungsstromkreise. Im Normalfall werden Leitungsschutzschalter verwendet, weil nach der Beseitigung einer Störung der Leitungsschutzschalter ohne Auswechseln von einer Sicherung unproblematisch wieder eingeschaltet werden kann. Hinzu kommt, daß ein Leitungsschutzschalter gegenüber einem Schmelzsicherungssockel einen geringeren Platzbedarf hat. Fest angeschlossene Elektrogeräte dürfen wegen der geringeren Kurzschlußgefahr auch mit Schmelzsicherungen des Systems D oder D0 abgesichert werden. Für jedes der nachfolgenden Geräte ist ein eigener Stromkreis zu berücksichtigen: Waschmaschine, Wäschetrockner, Geschirrspüler, Mikrowellenherd, Raumheizgerät, Bügelmaschine, Warmwasserspeicher, Kochendwassergeräte usw. (Bild 2.11). Für die Absicherung von einem Drehstromverbraucher bzw. einer Drehstromsteckdose sollten dreipolige Leitungsschutzschalter eingesetzt werden.

Für Wechselstromsteckdosen und Beleuchtung sind gemeinsame Stromkreise zulässig. Sicherer ist es, getrennte Stromkreise zu verwenden. Das hat den Nachteil, daß dadurch mehr Leitungsmaterial zum Einsatz kommt. Hilfreich für die Ermittlung der erforderlichen Anzahl von Steckdosen- und Beleuchtungsstromkreisen ist die Größe der Wohnfläche. Für Wohnflächen bis 50 qm sollten mindestens drei Stromkreise für Licht und Steckdosen vorgesehen werden, bis 100 qm sollten es 5, und bis 150 qm sollten es mindestens 7 Stromkreise sein (DIN 18015-2).

Im TT-System wird in der Regel allen Leitungsschutzschaltern in der Stromkreisverteilung ein vierpoliger FI-Schutzschalter vorgeschaltet (Bild 2.12 und 2.13).

Für den Anschluß der Leitungsschutzschalter eignet sich ein berührungsgeschützter 3-Phasen-Sammelschienenblock. Damit die Zugehörigkeit der an Neutral- und Schutzleiterschiene angeschlossenen Adern zu den verschiedenen Stromkreisen ersichtlich ist, sollte man alle Adern der abgehenden Leitungen mit Aufstecknummern (Bild 2.14), die den Stromkreisnummern entsprechen, kennzeichnen. Eine übersichtliche Kennzeichnung

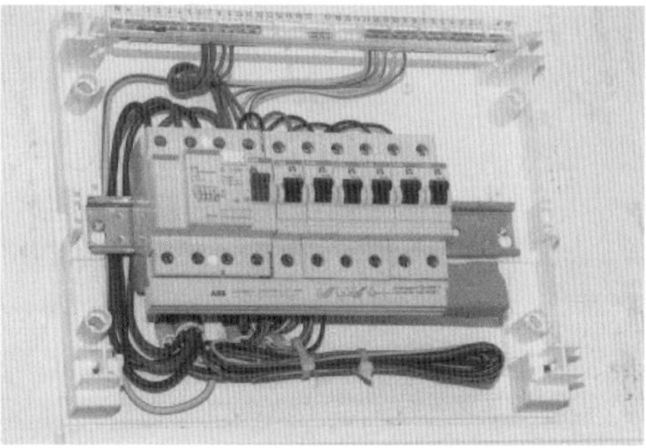

Bild 2.12.

der Adern ist hilfreich bei der Fehlerbeseitigung und dient der Betriebssicherheit. Klebenummern sollten nicht verwendet werden.

Im TN-System ist ein zusätzlicher FI-Schutzschalter mit einer Nennfehlerstromauslösung von maximal 30 mA, zum Beispiel für das Bad und den Duschraum, zwingend gefordert. Ein zweipoliger FI-Schutzschalter kann in diesem Fall ausreichend sein (Bild 2.15). Sicherer ist es, auch im TN-System jedem Leitungsschutzschalter bzw. jeder Schmelzsicherung einen 30-mA-FI-Schutzschalter vorzuschalten (Bild 2.16).

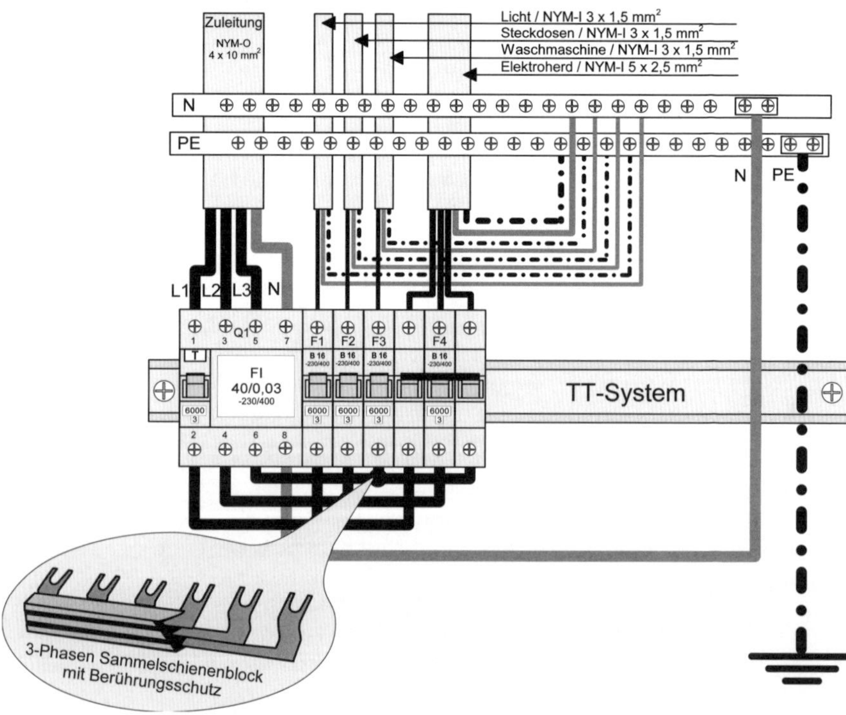

Bild 2.13.

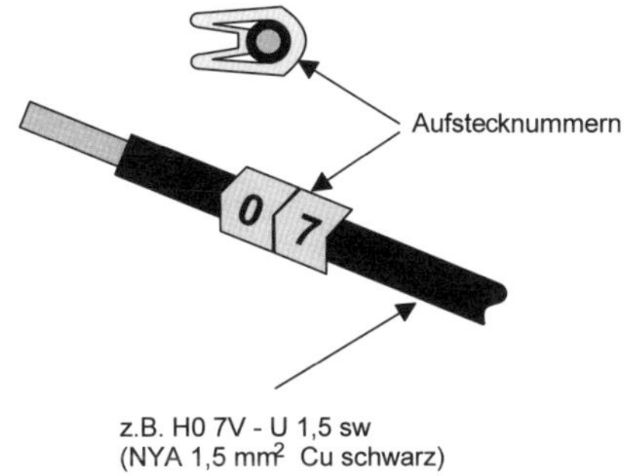

Bild 2.14.

2.3 Die Fehlerstrom-Schutzeinrichtung

Sicherheit ist beim Umgang mit der Elektrizität oberstes Gebot. Forschungen über die Wirkung des elektrischen Stromes auf den Menschen und die Auswertung von Stromunfällen haben das Wissen um die Gefährdung des Menschen bedeutend erhöht. Bei der Berührung von unter Spannung stehenden Teilen wirkt ein Strom mit einer Frequenz von 50 Hz auf den Körper in einem solchen Maße ein, daß ab einer bestimmten Stromstärke die normalen elektrischen Impulse des menschlichen Steuerzentrums nicht mehr wahrgenommen werden. Die Befehle, die das Gehirn an die Muskeln sendet, kommen nicht mehr zur Ausführung. Im menschlichen Körper wird jede Muskelbewegung durch elektrische Impulse gesteuert. Die Höhe der Steuerspannung des menschlichen Gehirns beträgt

Bild 2.15.

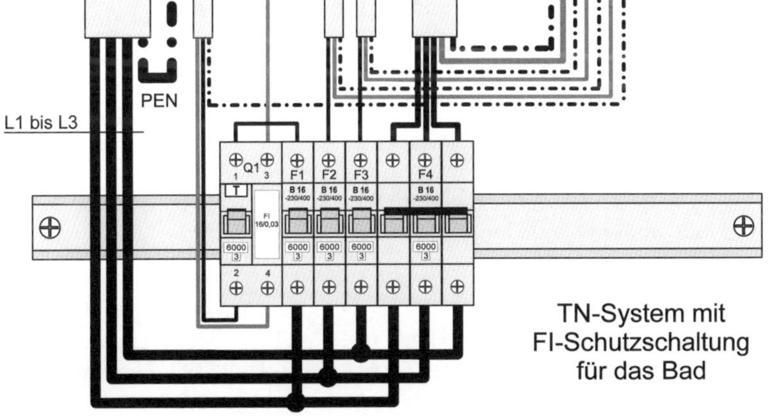

2. Elektroinstallation vom Zähler bis zum Stromkreisverteiler

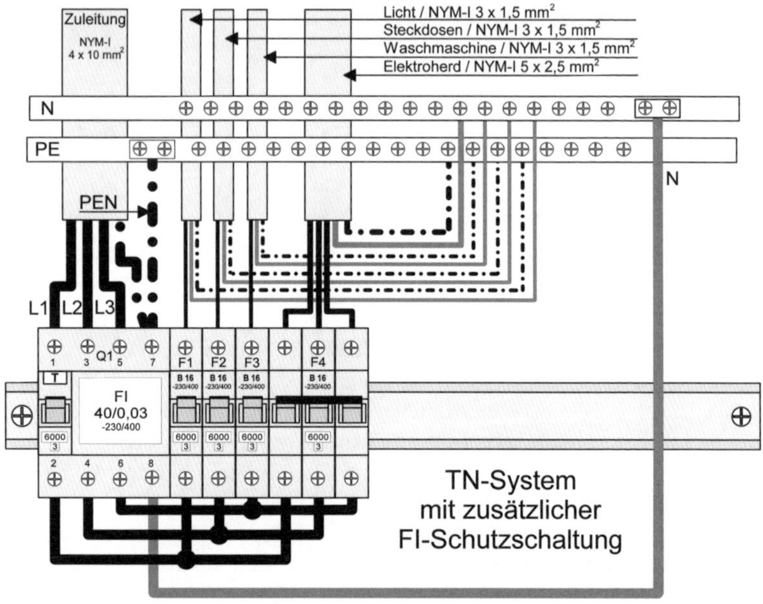

Bild 2.16.

ca. 100 mV. Werden diese vom Gehirn ausgehenden Impulse durch äußere Fremdspannungen beeinflußt, kommt es zu Störungen des Bewegungsablaufes. Die Muskeln des Körpers ziehen sich zusammen und können dadurch einen unter Strom stehenden Gegenstand, wie eine Rohrleitung oder Waschmaschine, aus eigenem Willen nicht mehr loslassen (Loslaßgrenze ca. 10 mA). Beim Stromdurchfluß durch den menschlichen Körper sind unterschiedliche Einflüsse von Bedeutung. Dazu zählen als wichtigste Kriterien:

- Höhe der Spannung,
- Stärke des elektrischen Stromes,
- Frequenz,
- Widerstand des menschlichen Körpers,
- Einwirkungsdauer des Stromes auf den Körper.

Lebensgefährlich wird es ab einem Strom von 30 mA, der über 0,5 s durch das Herz fließt (Bild 2.17). Der natürliche Pumprhythmus des Herzens wird gestört, es stellt sich Herzkammerflimmern ein (Bild 2.18), und der Blutdruck verändert sich. Eine ausreichende Blutzirkulation ist nicht mehr gegeben, und bereits 3 bis 5 Minuten in diesem Zustand können, wegen der fehlenden Sauerstoffversorgung, zu einer Schädigung des Gehirns oder gegebenenfalls zum Tode führen.

Geringe Ströme, wie 0,5 mA, schädigen auch bei längerer Einwirkdauer den Menschen nicht (Bereich 1, Bild 2.19). Im Bereich (2) können Unfälle hervorgerufen werden, die durch Schreckreaktionen entstehen. Eine längere Einwirkdauer in diesem Bereich kann auch zu Atemlähmungen führen, wenn die Brustmuskulatur betroffen ist. Im Bereich (4) besteht bei längerer Einwirkdauer des Stromes auf den menschlichen Körper höchste Lebensgefahr.

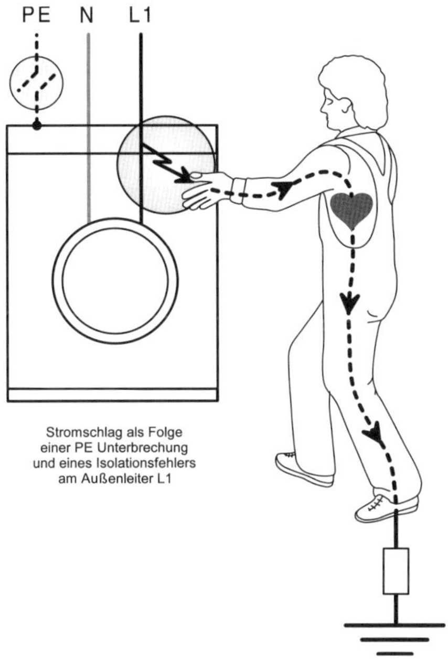

Bild 2.17.

Der angenommene ohmsche Widerstand des menschlichen Körpers, von der Hand zum Fuß, liegt bei ca. 1 000 Ohm. Bei einer Spannung von 230 V bewirkt ein Widerstand von 1 000 Ohm einen Stromfluß von 230 mA. Ein Fehlerstrom-Schutzschalter mit einem Nennauslösestrom von 300 mA löst bei diesem Strom noch nicht aus. Das spricht für den Einsatz von 30-mA-FI-Schutzschaltern (Bild 2.20) für alle Bereiche in TT- und TN-Systemen. Unabhängig von der Schutzmaßnahme sollten in den Verbraucheranlagen Fehlerstrom-Schutzschalter mit einem Nennfehlerstrom von 10 mA oder 30 mA uneingeschränkt eingesetzt werden.

Jeder sollte, wenn es um die Sicherheit des Menschen geht, besonders gewissenhaft sein. Durch den umfangreichen Einsatz von Fehlerstrom-Schutzeinrichtungen wurde die Anzahl der tödlichen Stromunfälle in Deutschland von 1970 bis 2000 fast um 70 % reduziert (Bild 2.21). Auch das Entstehen von Brän-

Bild 2.18.

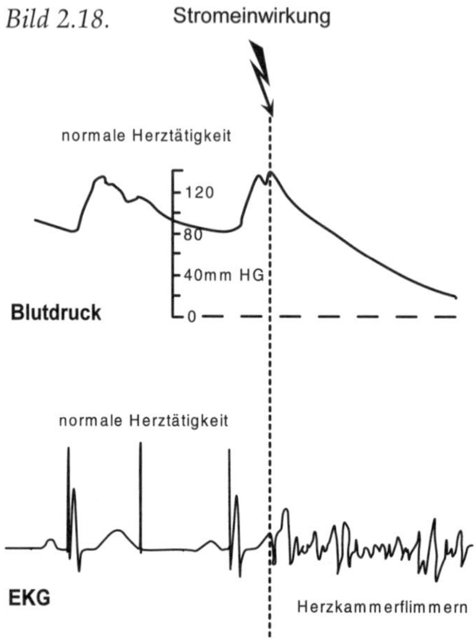

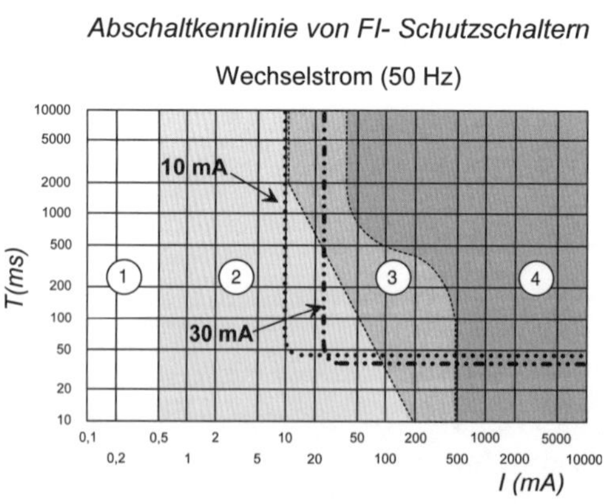

Bild 2.19.

den, hervorgerufen durch Erdschlußfehlerströme, kann durch FI-Schutzschalter verhindert werden.

Mit FI-Schutzschaltern wird am sichersten erreicht, daß die dauernd zulässige Berührungsspannung von maximal 50 V (25 V in landwirtschaftlichen oder in medizinisch genutzten Räumen) nicht überschritten wird.

Ein FI-Schutzschalter enthält einen magnetischen Ringkern, um den die Hauptstromkreise und der Steuerstromkreis in Form von Wicklungen geführt sind (Bild 2.23). Bei intakter elektrischer Anlage ist der zufließende Strom gleich dem abfließenden Strom. Wenn nach dem FI-Schutzschalter ein Strom zur Erde fließt, wird das magnetische Gleichgewicht gestört. In die Meßwicklung wird, durch den Restmagnetismus, Strom in die Sekundärwicklung induziert, der proportional zum Fehlerstrom ist. Dadurch kommt das Abschaltrelais zum Auslösen und trennt die Verbraucher innerhalb von 40 ms vom Netz. Selektive FI-Schutzschalter sind zeitverzögert und benötigen zur Abschaltung etwa 50 ms.

Mit der Prüftaste (Bild 2.22) im FI-Schutzschalter wird über einen Widerstand ein Fehlerstrom simuliert. Wichtig ist, die Prüftaste in regelmäßigen Zeitab-

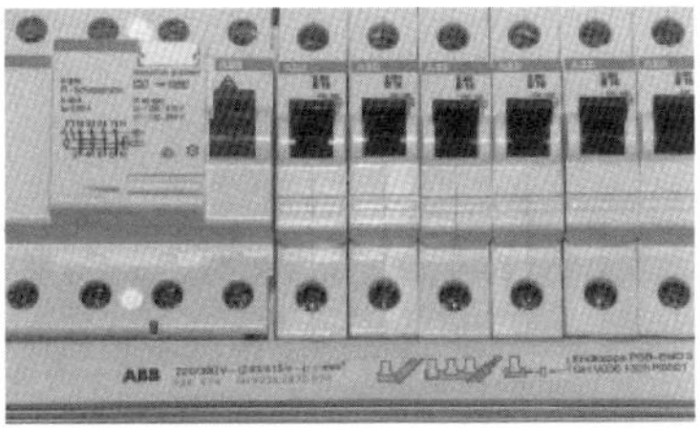

Bild 2.20.

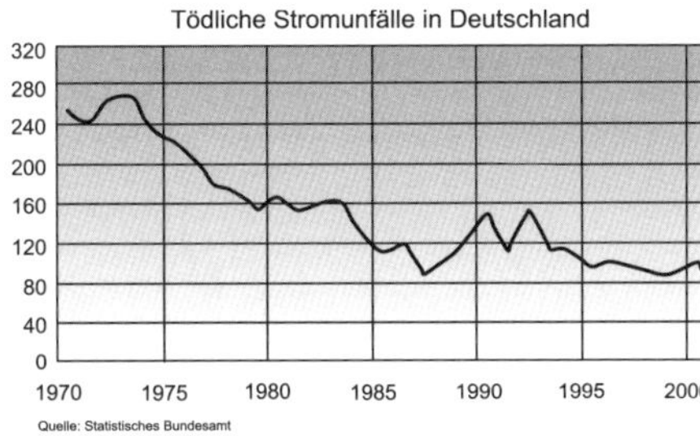

Bild 2.21.

ständen (6 Monate) zu betätigen, um die elektrische und mechanische Funktionsfähigkeit des FI-Schutzschalters zu testen. Mit der Prüftaste kann man nur die Funktion des FI-Schutzschalters, nicht aber die Funktion der Schutzmaßnahme prüfen. FI-Schutzschalter müssen nicht nur bei Wechselstrom, sondern auch bei pulsierenden Gleichfehlerströmen definitiv abschalten. Bei 50-Hz-Wechselstrom muß der FI zuverlässig bei seinem

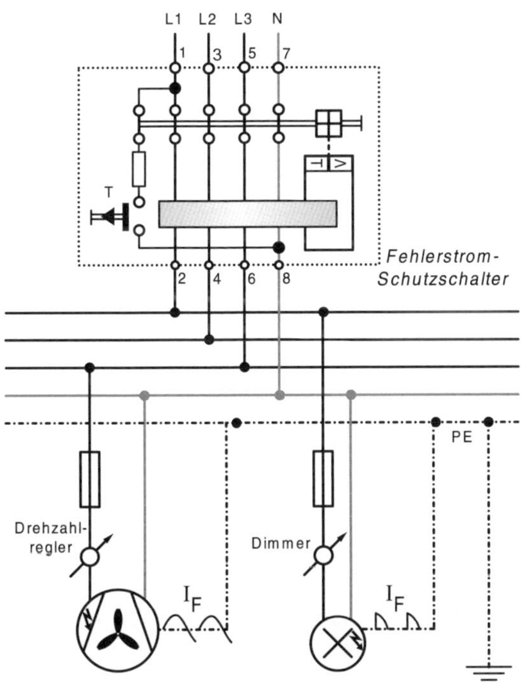

Bild 2.22.

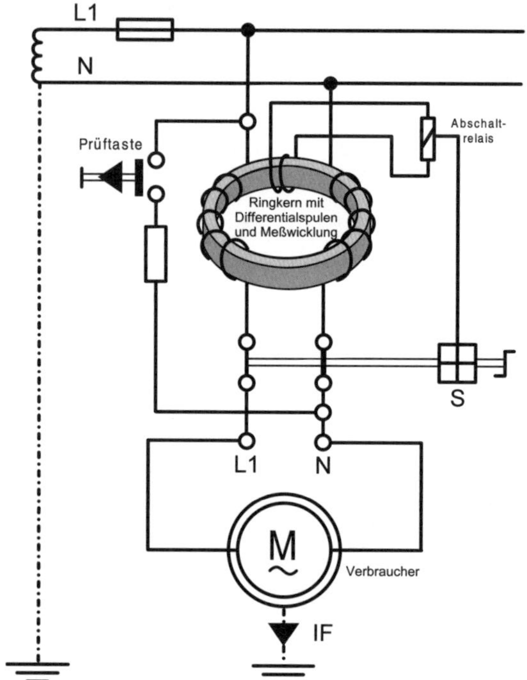

Bild 2.23.

Nennfehlerstrom auslösen. Üblich ist bei den meisten Fabrikaten ein Auslösen beim 0,7fachen des Nennfehlerstroms. Für pulsierende Gleichströme, die durch unsymmetrische Phasenanschnittsteuerungen entstehen, muß der FI spätestens beim 1,4fachen seines Nennfehlerstromes abschalten. Pulsierende Gleichströme werden durch Helligkeitsregler und Drehzahlregler sowie durch Einweg-Gleichrichtungen erzeugt.

Hochempfindliche FI-Schutzschalter mit einem Nennfehlerstrom von 10 mA besitzen einen hervorragenden Schutzwert, können aber bereits bei einem Fehlerstrom von 7 mA auslösen. Die stetig in Anlagen vorhandenen Ableitströme werden durch das Zuschalten von Verbrauchern erhöht und können einen Wert von 7 mA erreichen, der zum Auslösen führt, ohne daß ein Fehler in der Verbraucheranlage vorhanden ist. Der Einsatz solcher FI-Schutzschalter sollte deswegen auf einzelne Geräte oder Anlagenteile begrenzt werden.

Die typischen Nennfehlerströme von FI-Schutzschaltern liegen bei 0,01 A, 0,03 A, 0,3 A und 0,5 A. Der Einsatz von stoßstromfesten FI-Schutzschaltern ist besonders in Netzen mit kurzzeitigen impulsförmigen Strömen zu empfehlen. Diese Stoßströme entstehen durch das Schalten von Leuchtstofflampen, Röntgengeräten und auch durch atmosphärische Entladungen. Normale FI-Schutzschalter können bereits bei einem Stoßstrom von 250 A fehlauslösen. Stoßstromfeste FI-Schutzschalter lösen erst bei Stoßströmen größer als 3 000 A bzw. 5 000 A aus und leisten somit einen bemerkenswerten Beitrag für die Betriebssicherheit der elektrischen Anlage.

Selektive FI-Schutzschalter sind grundsätzlich stoßstromfest. Hinzu kommt, daß sie bis zu einem Fehlerstrom von 500 A zeitverzögert abschalten. Das bedeutet, ein selektiver FI-Schutzschalter kann normalen FI-Schutzschaltern vorgeschaltet wer-

Bild 2.24.

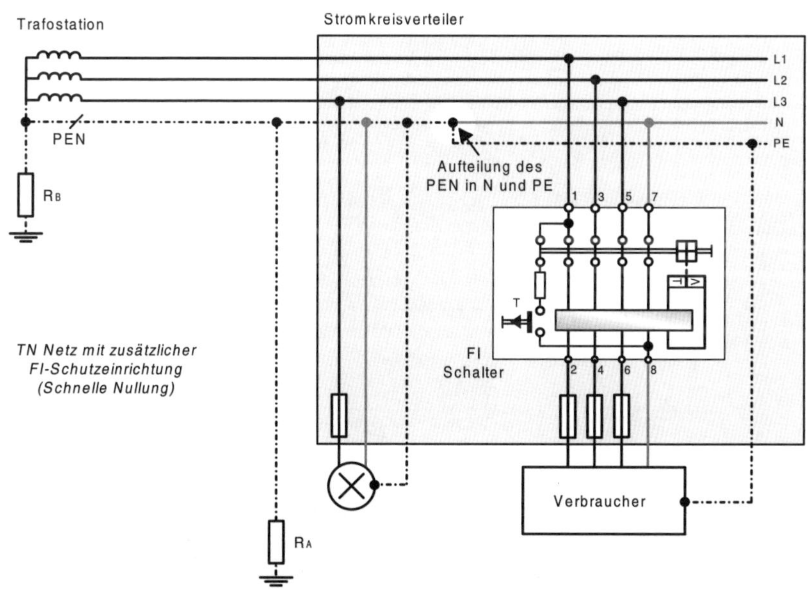

den. Im Fehlerfall löst der normale FI-Schutzschalter zuerst aus, somit kann der selektive FI-Schutzschalter auch als Haupt FI verwendet werden. Ein selektiver FI ist auf dem Typenschild mit einem „S" in einem Quadrat gekennzeichnet. Zu beachten ist, daß beim Einsatz von selektiven FI-Schaltern im TT-System der maximal zulässige Erdungswiderstand der elektrischen Anlagenerde mit 0,5 multipliziert werden muß.

Im TN-System ist für Steckdosenstromkreise und festangeschlossene, ortsveränderliche Geräte eine maximale Abschaltzeit von 0,4 Sekunden einzuhalten. Der zusätzliche Einsatz eines FI-Schalters im TN-System (Bild 2.24) sorgt für eine Abschaltzeit, die kürzer ist als 0,4 Sekunden.

Bild 2.25.

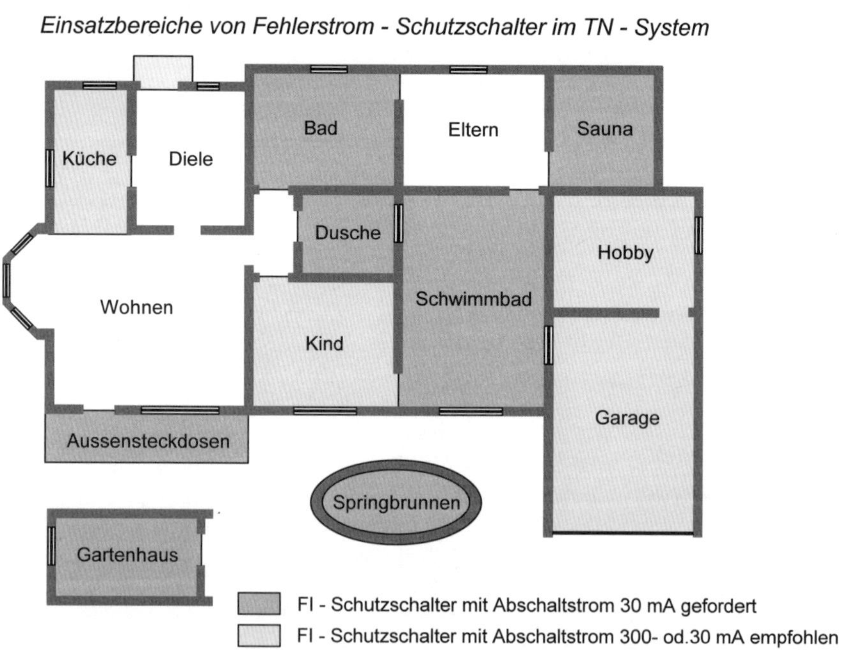

Einsatzbereiche von Fehlerstrom - Schutzschalter im TT - System *Bild 2.26.*

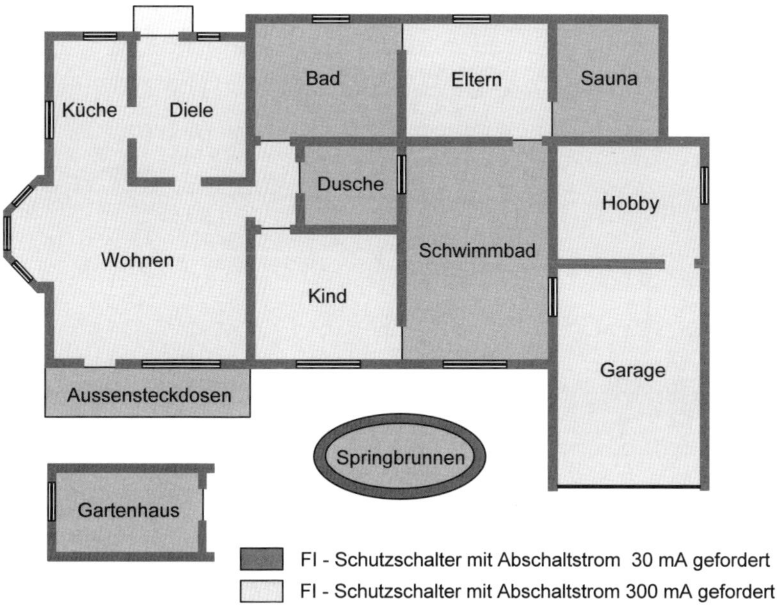

Für Lichtstromkreise ist im TN-System eine Abschaltzeit von 5 Sekunden einzuhalten. Ohne vorgeschalteten FI sind für die Abschaltzeit der Typ und Nennstrom der Überstrom-Schutzeinrichtung sowie der Schleifenwiderstand der Installationsleitung maßgebend.

Auf den Bildern 2.25 und 2.26 sehen Sie die Einsatzbereiche von FI-Schutzschaltern, unter Berücksichtigung der Schutzmaßnahme und der Nennfehlerstromauslösung von FI-Schutzschaltern.

2. Elektroinstallation vom Zähler bis zum Stromkreisverteiler

Fehlersuche

Bild 2.27.

Löst ein FI-Schutzschalter aus, kann man die Fehlersuche diesem Diagramm entsprechend durchführen.

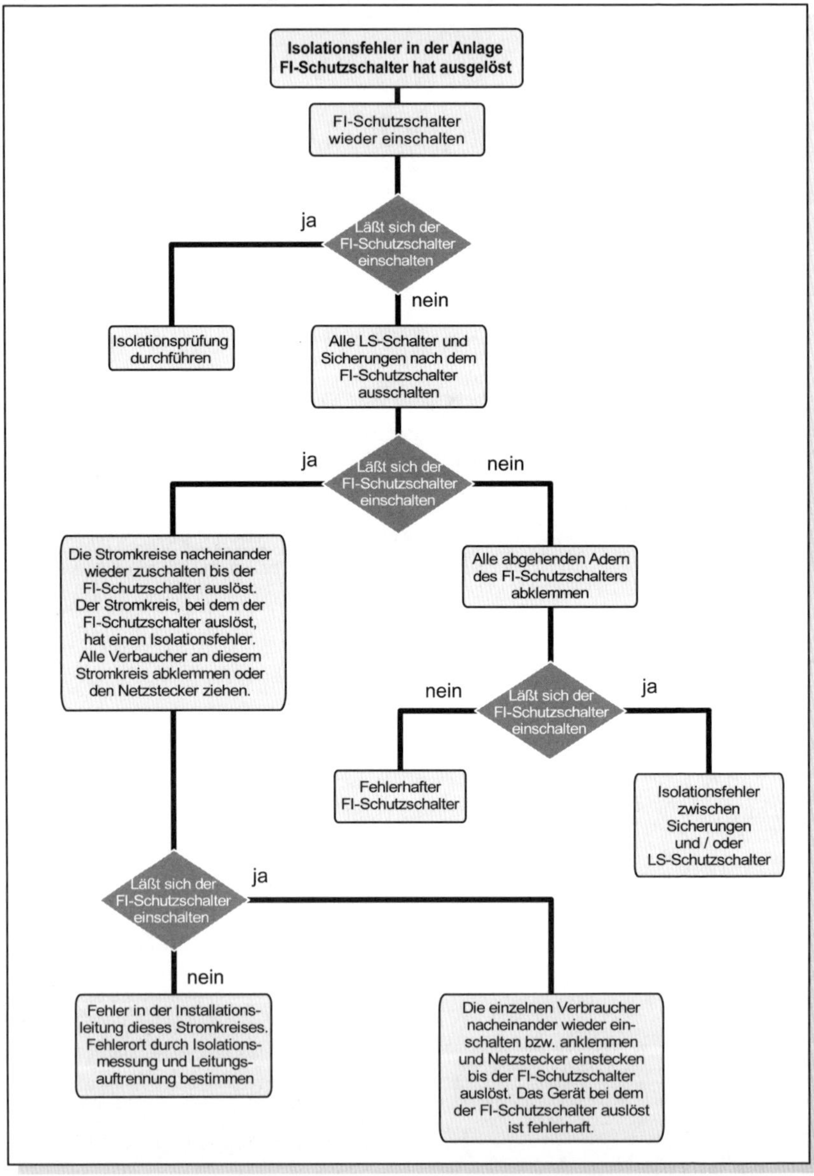

2.4 Die Überstrom-Schutzeinrichtung

Kurzschlußströme oder Überlastströme können die Isolation elektrischer Leiter zerstören. Schlimmstenfalls kann ein Kabelbrand verursacht werden, wenn die Überstrom-Schutzeinrichtung nicht richtig demissioniert ist. Eine Überstrom-Schutzeinrichtung hat die Aufgabe, den Stromkreis selbsttätig zu unterbrechen, und schützt dadurch Leitungen und Betriebsmittel.

In fehlerfreien Installationen entstehen Überlastströme durch zu viele, an einen Stromkreis angeschlossene Verbraucher. Kurzschlußströme entstehen, wenn zwei gegeneinander spannungsführende Leiter, wie z. B. Neutralleiter und Außenleiter oder Außenleiter L1 und L2, sich direkt berühren.

In der Praxis verwendet man als Überstrom-Schutzeinrichtung sogenannte Schmelzsicherungen in Form von NH-Sicherungen

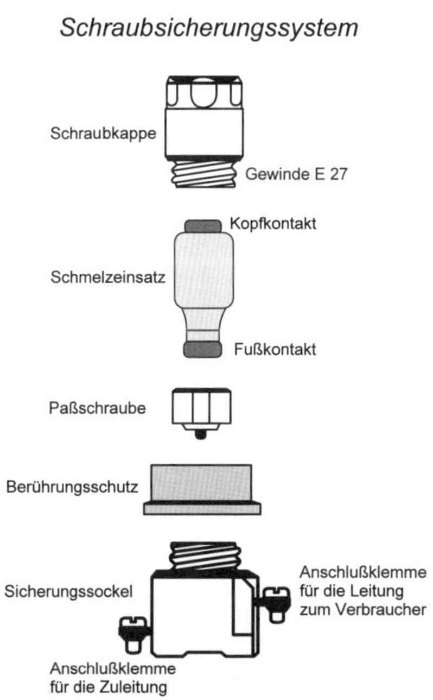

Bild 2.28.
(Foto und Zeichnung)

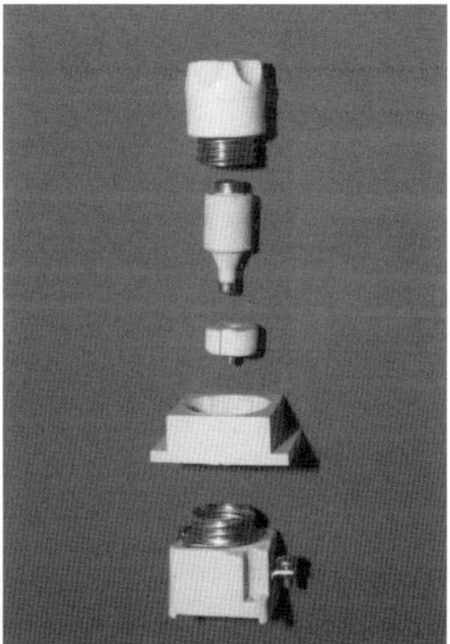

Schmelzeinsatz

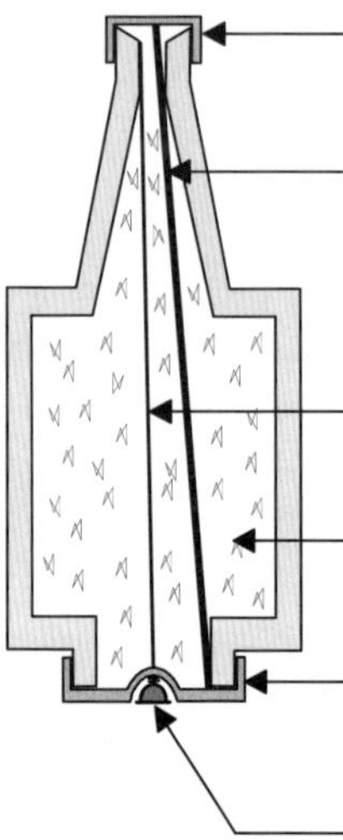

Bild 2.29.

und Schraubsicherungen oder Leitungsschutzschalter mit thermischer und magnetischer Auslösung.

Das Schraubsicherungssystem besteht aus einem Sicherungssockel, der Berührungsschutz-Abdeckung, einem Paßring, dem Schmelzeinsatz und der Schraubkappe (Bild 2.28). Die Netzzuleitung ist immer am Fußkontakt des Sicherungssockels anzuschließen. An der mit dem Gewindering verbundenen Schraube wird die von der Stromkreisverteilung abgehende Installationsleitung angeschlossen. Der Schmelzeinsatz (Bild 2.29) besteht bei NH- und Schraubsicherungen aus einem mit Quarzsand gefüllten Keramikkörper. Der im Quarzsand verlaufende Schmelzdraht verbindet den Kopf mit dem Fußkontakt. Nach der Überschreitung des Auslösestroms wird der Stromkreis durch das Abschmelzen von Haltedraht sowie Schmelzdraht unterbrochen. Der am Haltedraht angebrachte Kennmelder springt ab und signalisiert dadurch den ausgelösten Zustand der Sicherung.

Der Kennmelder gibt mit seiner Farbe auch Aufschluß über den Nennstrom der Sicherung.

rosa	=	2 A
braun	=	4 A
grün	=	6 A
rot	=	10 A
grau	=	16 A
blau	=	20 A
gelb	=	25 A
schwarz	=	35 A
weiß	=	50 A
kupfer	=	63 A
silber	=	80 A
rot	=	100 A

Abhängig vom Typ des Sicherungssystems, werden Paßschrauben, Paßringe oder Paßhülsen eingesetzt. Die Paßschraube für das Diazed-System (Bild 2.30) verhindert, ebenso wie die Paßhülse für das Neozed-System (Bild 2.31), den versehentlichen Einsatz einer Schmelzsicherung mit einem zu hohen Nennstrom. Die Farbkennzeichnung der Paßeinsätze für die unterschiedlichen Nennströme der Schmelzeinsätze sind identisch mit der Farbkennzeichnung der Kennmelder. Für das Einsetzen einer Paßhülse, eines Paßringes oder einer Paßschraube muß als Spezialwerkzeug ein Paßschraubenschlüssel (Bild 2.32) oder eine Paßhülsenzange verwendet werden.

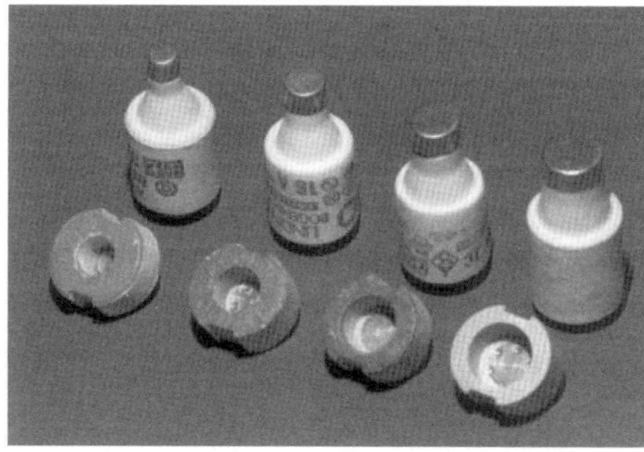

Bild 2.30.

Bild 2.31.

Schraubsicherungen können als Diazed-System (D-System) oder in der kleineren Bauform als Neozetsystem (D0-System) benutzt werden (Bild 2.33). Abhängig von dem erforderlichen Nennstrom der Sicherung, verwendet man die unterschiedlichen Größen des Sicherungssystems. Übliche Größen für das Diazed-System sind D2 und D3, für das Neozed-System D01, D02 oder D03. Spezielle Haltefedern für D0-Systeme und Haltefutter für D-Systeme ermöglichen den Einsatz von Sicherungen mit der kleineren Bauform in den Sicherungssockel der größeren Bauform. Zum Beispiel Schmelzeinsatz D2 in Sicherungssockel D3 oder Schmelzeinsatz D01 in Sicherungssockel D02 (Bild 2.34 und 2.35).

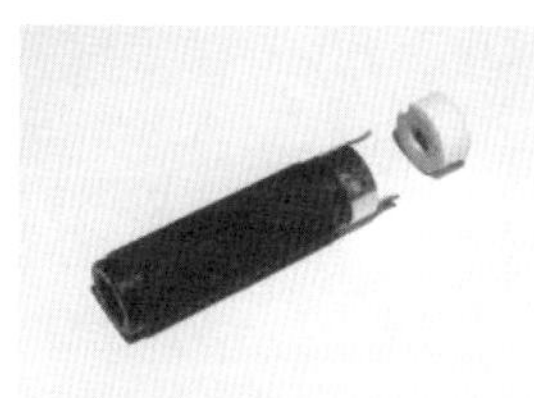

Bild 2.32.

NH-Sicherungen bestehen, ebenso wie Schraubsicherungen, aus einem mit Quarzsand gefüllten Hohlkörper, in dem sich ein Schmelzleiter befindet. Der Schmelzleiter ist an seinen Enden mit den messerförmigen Kontakten der NH-Sicherung verbunden. Die NH-Sicherung darf nur mit einem Aufsteckgriff, der einen Armschutz besitzt, im unbelasteten Zustand des Stromkreises auf das NH-

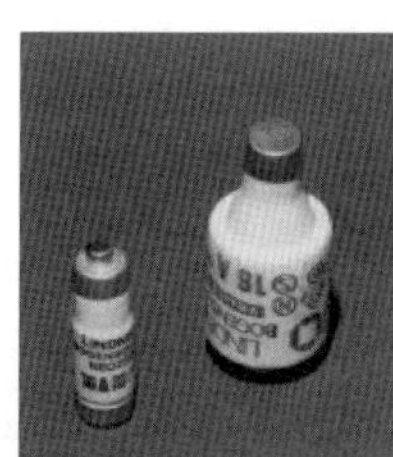

Bild 2.33.

Bild 2.34.

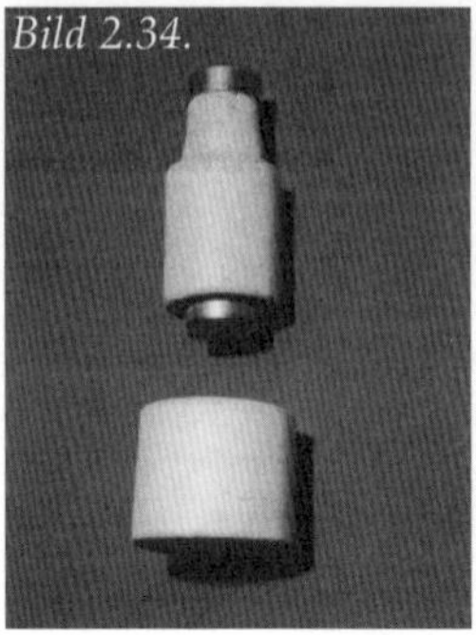

Bild 2.35.

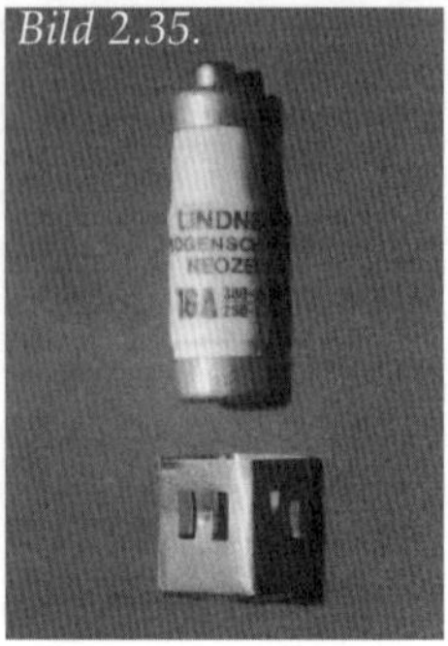

Bild 2.36.

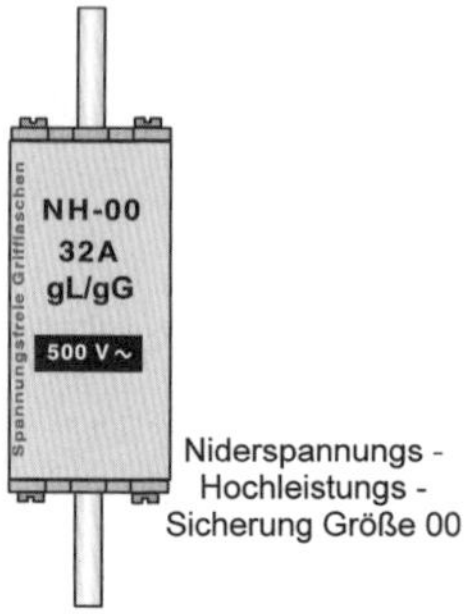

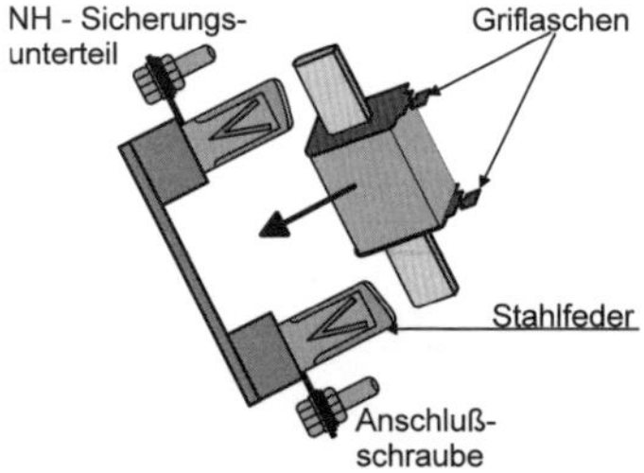

Sicherungsunterteil (Bild 2.36) aufgesteckt oder abgezogen werden. Grundsätzlich empfiehlt es sich für den Monteur, bei dieser Arbeit einen Helm mit Gesichtsschutz zu tragen.

Leitungsschutzschalter (Bild 2.37), kurz LS-Schalter genannt, werden heute für die Absicherung von Stromkreisen in Wohngebäuden am häufigsten verwendet. Gebräuchlich ist für den Leitungsschutzschalter auch die Bezeichnung Sicherungsautomat. Der Vorteil von LS-Schaltern gegenüber der Schmelzsicherung ist, daß er nach dem Auslösen wieder eingeschaltet werden kann. Die Schmelzsicherung muß nach dem Auslösen ausgetauscht werden. Darüber hinaus ist der Platzbedarf von LS-Schaltern im Stromkreisverteiler wesentlich geringer als der eines Schmelzsicherungssystems, auch die Verdrahtung ist relativ einfach. Hinzu kommt, daß der LS-Schalter auch zum Spannungsfreischalten von einzelnen Stromkreisen geeignet ist. Die Befestigung von LS-Schaltern in der Stromkreisverteilung wird, wie bei Schraubsicherungen, auf der 35-mm-Hutprofilschiene durch Aufschnappen bewerkstelligt. Bei der Befestigung hängt man den LS-Schalter zuerst oben an der Schiene ein und drückt ihn dann nach unten an. An der Zuleitungs-

Bild 2.37.

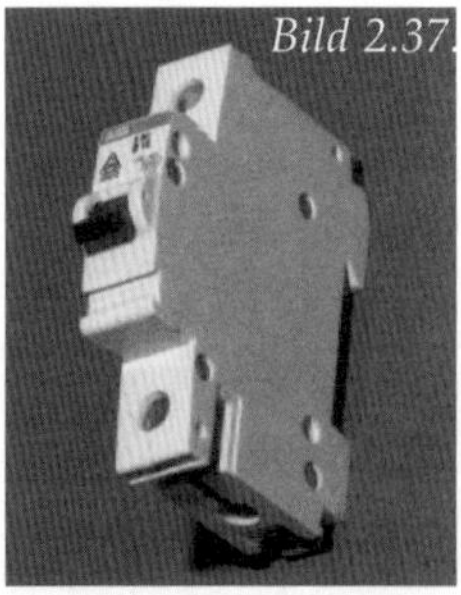

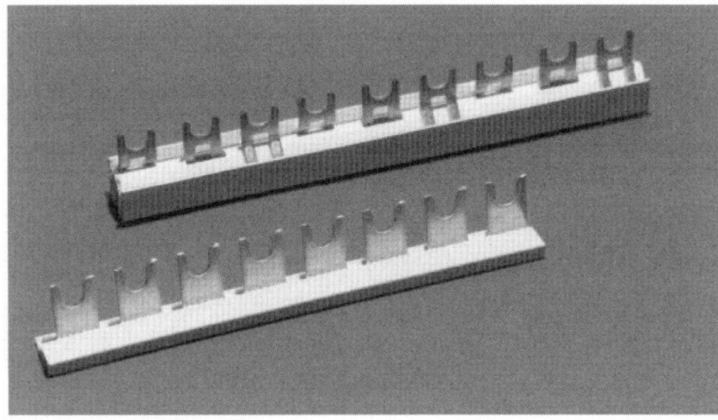

Bild 2.38.

seite des LS-Schalters können die Ader der Zuleitung und eine Stromschiene (Bild 2.38) für das Durchverdrahten von einer LS-Schalterreihe angeschlossen werden. Die Montage wird dadurch relativ einfach.

Für das Auslösen ist der LS-Schalter mit zwei unterschiedlichen Auslösesystemen ausgestattet, die auf die gleiche Schaltmechanik wirken. Überströme bewirken eine Auslösung durch das thermische System, und Kurzschlüsse werden durch das elektromagnetische Schnellauslösesystem abgeschaltet. Der Schaltmechanismus verhindert, ebenso wie beim FI-Schutzschalter, ein Einschalten des LS-Schalters bei noch nicht

Bild 2.39a.

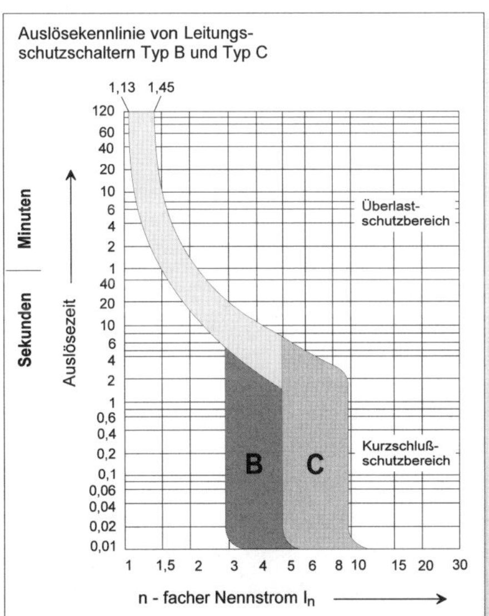

Bild 2.39b.

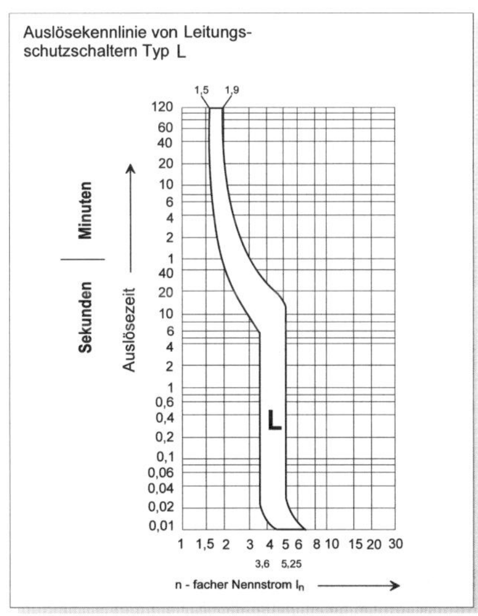

Leitungsschutzschalter mit L - Charakteristik wurden 1988 im Rahmen der internationalen Harmonisierung von Leitungsschutzschaltern mit B - Charakteristik abgelöst.

Auslösekennlinie von Leitungsschutzschaltern Typ H

Bild 2.39c.

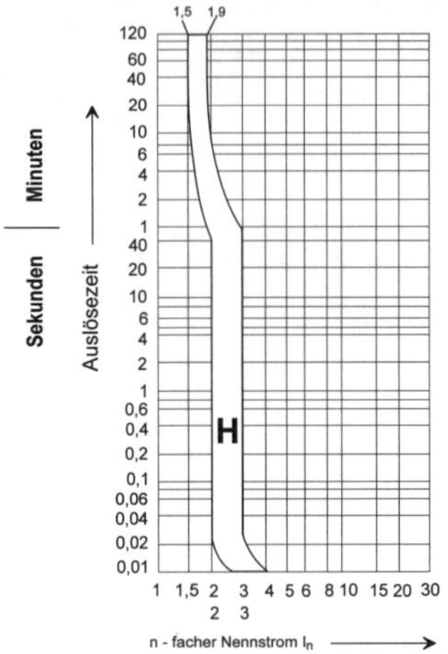

Leitungsschutzschalter mit H - Charakteristik für leistungsschwache Netze. Seit 1978 nicht mehr zulässig.

Auslösekennlinie von Leitungsschutzschaltern Typ K

Bild 2.39d.

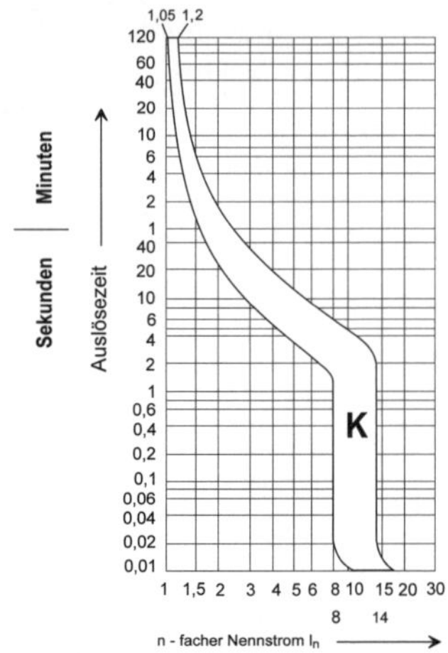

Leitungsschutzschalter mit K - Charakteristik können in Problemfällen bei Verbrauchern mit hohen Einschaltströmen immer noch alternativ zu Leitungsschutzschaltern mit C - Charakteristik eingesetzt werden.

Auslösekennlinie von Leitungsschutzschaltern Typ D

Bild 2.39e.

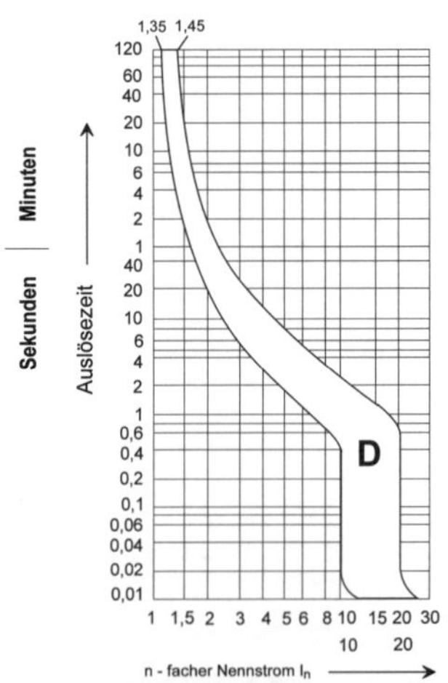

Leitungsschutzschalter mit D - Charakteristik sind seit 1992 zulässig. Die Anwendung von Leistungsschutzschaltern mit dieser Charakteristik wird in einigen Ländern nicht empfohlen.

beseitigtem Fehler. In der Regel werden LS-Schalter Typ B oder C eingesetzt. Beide Typen können das 1,13fache ihres Nennstromes als Dauerstrom führen. Das 1,45fache des Nennstromes eines LS-Schalters darf erst nach einer Stunde zum Auslösen des Schalters führen (Bild 2.39). Ein unverzögertes Schnellauslösen bewirkt im Kurzschlußfall der 3- bis 5fache Nennstrom, bei einem Typ B. Der C Typ löst beim 5- bis 10fachen seines Nennstromes unverzögert aus. Schmelzsicherungen und Leitungsschutzschalter (Überstromschutzeinrichtungen) müssen im Kurzschlußfall den Stromkreis selbsttätig unterbrechen, bevor die Grenztemperatur der Leitung erreicht wird. Auf dem Bild 2.40 sind alle in der Elektroinstal-

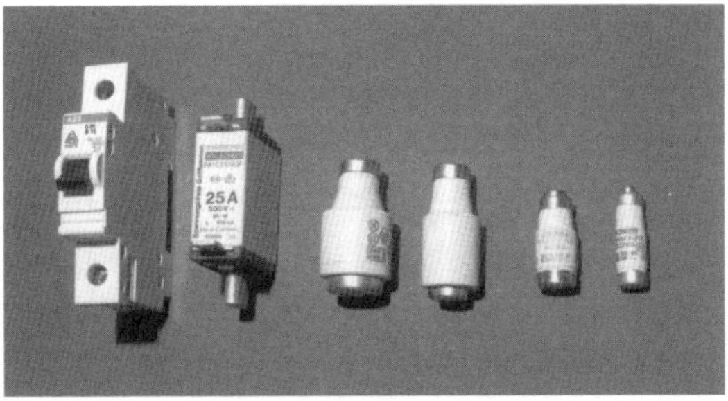

Bild 2.40.

Bild 2.41.

Nennstrom der Überstromschutzeinrichtung in A

LS 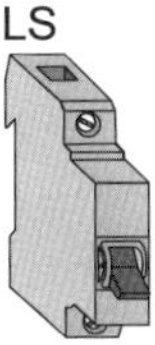

Diazed 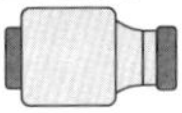

Diazed 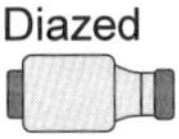

Neozed 

Neozed 

NH 

Typ	6	8	10	13	16	20	25	32	35	40	50	63	80	100	125	160	200	224	250
B	●		●	●	●	●	●	●		●	●	●							
C	●	●	●	●	●	●	●	●		●	●	●							
DIII									●	●	●	●							
DII	●		●		●	●	●												
D02						●	●		●		●	●							
D01	●		●		●														
NH00	●		●		●	●	●	●	●	●	●	●	●	●	●	●			
NH1	●		●		●	●	●	●	●	●	●	●	●	●	●	●	●	●	●

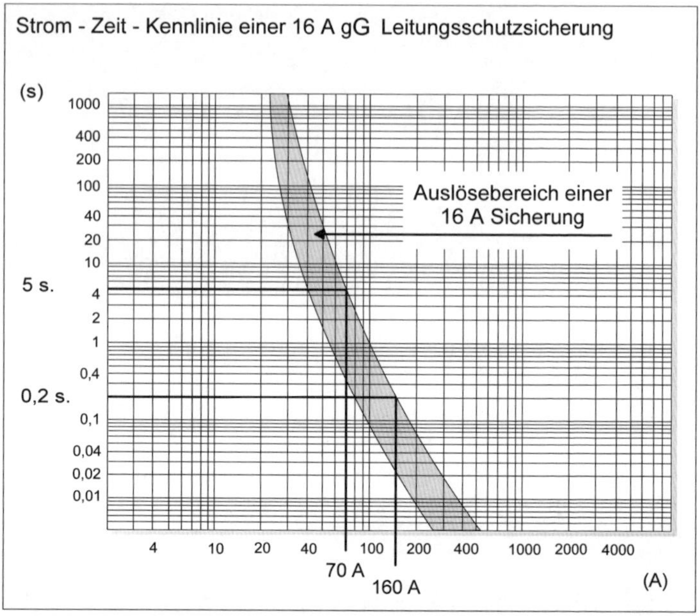

Bild 2.42.

lation üblichen Bauarten von Überstomschutzeinrichtungen zu sehen. Mit welchen Nennströmen die unterschiedlichen Bauarten von Überstromschutzeinrichtungen erhältlich sind, zeigt Bild 2.41.

Die Schutzmaßnahme im TN-System fordert für Steckdosenstromkreise und Stromkreise mit festangeschlossenen Handgeräten der Schutzklasse 1 eine maximale Abschaltzeit der Überstromschutzeinrichtung von 0,4 Sekunden. Für festangeschlossene Geräte wie Elektroherd, Lampen, Elektromotor, Warmwasserspeicher ist eine Abschaltzeit von 5 Sekunden ausreichend. Die Schutzmaßnahme im TN-System bewirkt mit den Abschaltbedingungen, daß die maximal zulässige Berührungsspannung 50 V (25 V) nicht länger als 0,4 bzw. 5 Sekunden im Fehlerfall ansteht.

Die Abschaltzeit der Überstromschutzeinrichtung ist abhängig von der Stromstärke, die durch Überlast oder Kurzschluß hervorgerufen wird. Eine 16 A gL/gG -Sicherung hat eine Abschaltzeit von maximal 0,2 Sekunden, wenn ein Strom von 160 A über die Sicherung fließt. Bei einem Strom von 70 A liegt die Abschaltzeit bei maximal 5 Sekunden (Bild 2.42).

Mit zunehmender Leitungslänge erhöht sich die Impedanz der Leitung. Bei einer höheren Leitungsimpedanz fließen im Kurzschlußfall geringere Ströme, die dementsprechend längere Abschaltzeiten zur Folge haben. Das ist einer der Gründe für die Begrenzung der Installationsleitungslängen. Längere Leitungswege ermöglicht zum Beispiel der Einsatz von Leitungsschutzschaltern Typ B oder ein kleinerer Nennstrom der Überstromschutzeinrichtung sowie die Verwendung von Installationsleitungen mit einem größeren Querschnitt (Bild 2.43). Im TN-System ist die Überstromschutzeinrichtung nicht nur ein

Bild 2.43.

Maximale Länge der Installationsleitung
im TN - System ausgehend von einer Hauptleitung NYM 4 x 16 mm² Cu, Länge 10 m und einer Verbindungsleitung 4 x 10 mm² Cu, Länge 20 m

Typische Impedanzwerte
für ein VNB
- Kabelnetz = 0,3 Ohm
- Freileitungsnetz 0,5 Ohm
- Freileitungsausläufer 1,5 Ohm

Querschnitt Installations-leitung in (mm² Cu)	Überstromschutzeinrichtung			max. Länge der Installationsleitung unter Berücksichtigung der Impedanz des EVU - Netzes		
	Sicherung	LS-Schalter				
	gL/gG	B	C	0,3 Ω	0,6 Ω	1,5 Ω
1,5	10 A			59 m	49 m	19 m
	16 A			35 m	25 m	
		10 A		133 m	123 m	93 m
		16 A		78 m	68 m	37 m
			10 A	59 m	49 m	19 m
			16 A	32 m	21 m	
2,5	16 A			58 m	41 m	
	20 A			23 m	24 m	
		16 A		130 m	113 m	62 m
		20 A		99 m	82 m	31 m
			16 A	53 m	36 m	
			20 A	38 m	21 m	

Erforderlicher Strom (in A) der das Abschalten einer Überstromschutzeinrichtung in 0,2 Sekunden bewirkt

Nennstrom in Ampere	Überstromschutzeinrichtung Sicherung gG (früher gL)	LS-Schalter B	C
6	60	30	60
10	100	50	100
13		65	130
16	150	80	160
20	190	100	200
25	250	125	250
32		160	320
35	372	175	350
40		200	400
50	578		
63	750		

Bild 2.44.

Schutz für die Leitung, sondern auch für den Menschen, der im Fehlerfall einer zu hohen Berührungsspannung für eine zu lange Zeit ausgesetzt sein kann. Probleme mit den Abschaltbedingungen bei zu langen Installationsleitungen im TN-System kann der Einsatz von FI-Schutzschaltern verhindern. Bei einer intakten Erdungsanlage löst ein FI-Schutzschalter in 0,04 Sekunden aus, wenn ein Nennfehlerstrom von zum Beispiel nur 0,3 oder 0,03 A fließt. Im Vergleich dazu ist bei einer 16 A gL/gG Sicherung ein Strom von 150 A erforderlich, damit die Sicherung in 0,2 Sekunden auslöst (Bild 2.44). Die Länge der Installationsleitung im TT- und TN-System wird aber auch durch den maximal zulässigen Spannungsfall begrenzt, der im Normalfall bei 2,5 % liegt. Darüberhinaus muß die Verlegeart der Installationsleitung beachtet werden.

Bild 2.45.

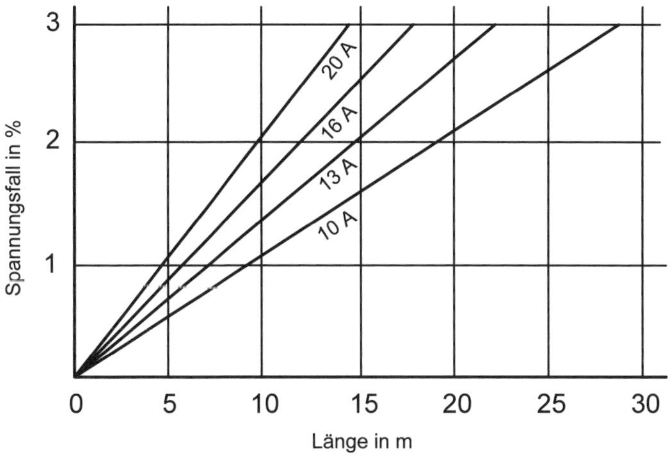

Maximale Leitungslänge unter Berücksichtigung des Spannungsfalles für Wechselstromleitungen 230 V mit einem Querschnitt von 1,5 mm^2 Cu

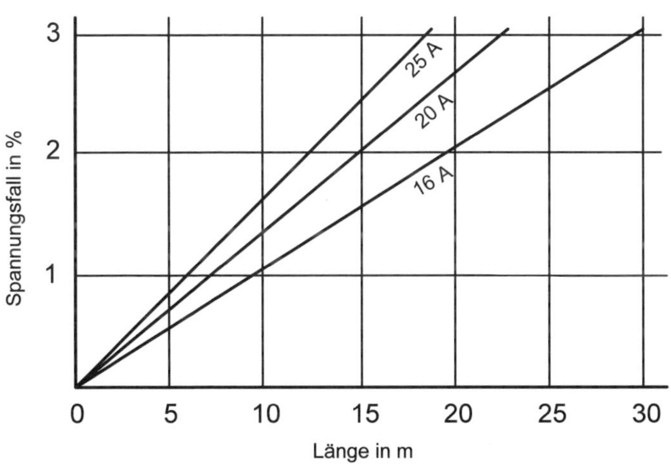

Maximale Leitungslänge unter Berücksichtigung des Spannungsfalles für Wechselstromleitungen 230 V mit einem Querschnitt von 2,5 mm^2 Cu

Bild 2.46.

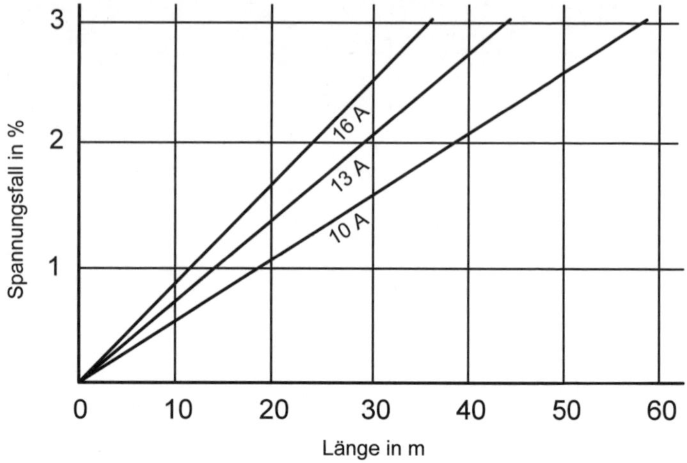

Maximale Leitungslänge unter Berücksichtigung des Spannungsfalles für Drehstromleitungen 400 V mit einem Querschnitt von 1,5 mm² Cu

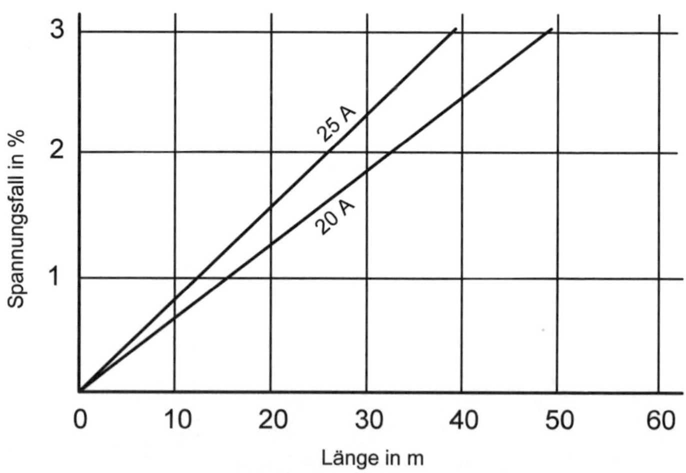

Maximale Leitungslänge unter Berücksichtigung des Spannungsfalles für Drehstromleitungen 400 V mit einem Querschnitt von 2,5 mm² Cu

3. Elektroinstallation vom Stromkreisverteiler bis zum Verbraucher

Jetzt ist es soweit: Es folgt die Installation zu den Endverbrauchern; das können beispielsweise sein:

- ❒ Elektrogeräte in Küche, Wohn- und Schlafraum
- ❒ Warmwasserspeicher für das Bad
- ❒ Ölzentralheizung
- ❒ elektrische Raumheizung

Wie muß die Leitung aussehen? Wie ist sie zu verlegen? Auf diese und viele andere Fragen gibt das nachfolgende Kapitel ausführliche Antworten.

3.1 Die Installationsleitung

Der Leiter einer Installationsleitung besteht aus dem Werkstoff Elektrolytkupfer (Cu). Von einer Ader spricht man, wenn dieser Kupferleiter eine Isolierung erhält. Von einer Leitung spricht man, wenn eine oder mehrere Adern eine zusätzliche Umhüllung besitzen (Bild 3.1). Die Dicke der Leiterisolierung bestimmt im wesentlichen die maximale bzw. die Nennspannung, für die die Ader geeignet ist. Das Isoliermaterial für Leiter und Mantel besteht heute meistens aus dem Kunststoff Polivinylchlorid (PVC). PVC ist mechanisch nur gering belastbar, und sein Verhalten, vor allem bei hohen Temperaturen, ist mit einer zähflüssigen Masse vergleichbar. Wird bei einer PVC-isolierten Leitung der maximal zulässige Biegeradius nicht eingehalten, kann im Extremfall die Isolie-

Bild 3.1.

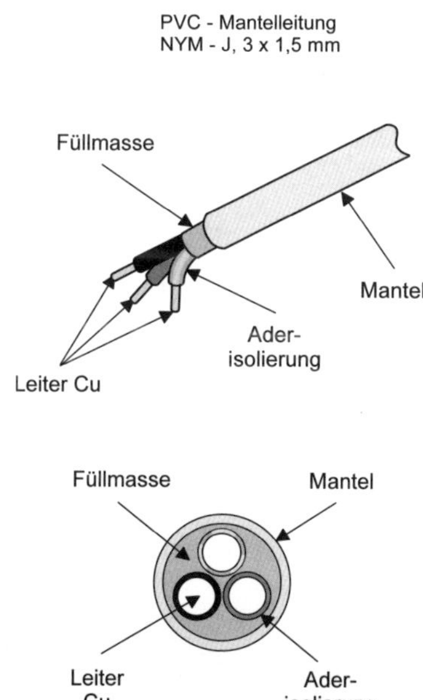

rung am Bogen „wegfließen", wobei blanke spannungsführende Leiter freigelegt werden können.

Von den vielen Leitungstypen, die Kabelhersteller im Lieferprogramm haben, sind für die Elektroinstallation von Wohngebäuden nur wenige wichtig.

Leitungen für feste Verlegung

Es gibt Leitungen für feste Verlegung, die ihre Lage nach der Montage nicht mehr verändern. Zu diesen Leitungen zählen z.B. die Typen NYM, NYY, NYIF und PVC-Aderleitungen H 07 V-U im Kunststoff-Rohr (Bild 3.2). Die Aderleitung H 07 V-U ist bestimmt für die Verlegung in Rohren unter, im oder auf Putz. Darüber hinaus ist auch die Verlegung in geschlossenen Installationskanälen zulässig. Eine weitere Anwendung für Aderleitungen ist die Verdrahtung von Stromkreisverteilern und Geräten.

Die sogenannte Stegleitung (NYIF) darf nur in trockenen Räumen im oder unter Putz verlegt werden. Das Verlegen dieser Leitung auf Holz, in Hohlräumen und auf Metall ist nicht zulässig. Unzulässig ist auch die Verlegung im Bereich 1 und 2 in Räumen mit Bade- oder Duschwanne.

Die Mantelleitung NYM kann in nassen, feuchten sowie trockenen Räumen verwendet werden und ist auch im Freien für die Verlegung unter, in oder auf Putz geeignet. Eine Einbettung in Beton ohne ein geeignetes Schutzrohr ist nur zulässig, wenn der Beton nicht durch Rütteln oder ähnliche Maßnahmen verdichtet wird.

Das Kunststoffkabel NYY darf im Wasser, im Erdreich und in Innenräumen eingesetzt werden. Bei der Verlegung ist ein Schutz des Kabels gegen mechanische Einwirkungen zu berücksichtigen.

In der Regel sind die Adern einer Leitung, die sich für feste Verlegung eignet, ein- oder mehrdrähtig.

Installationsleitungen

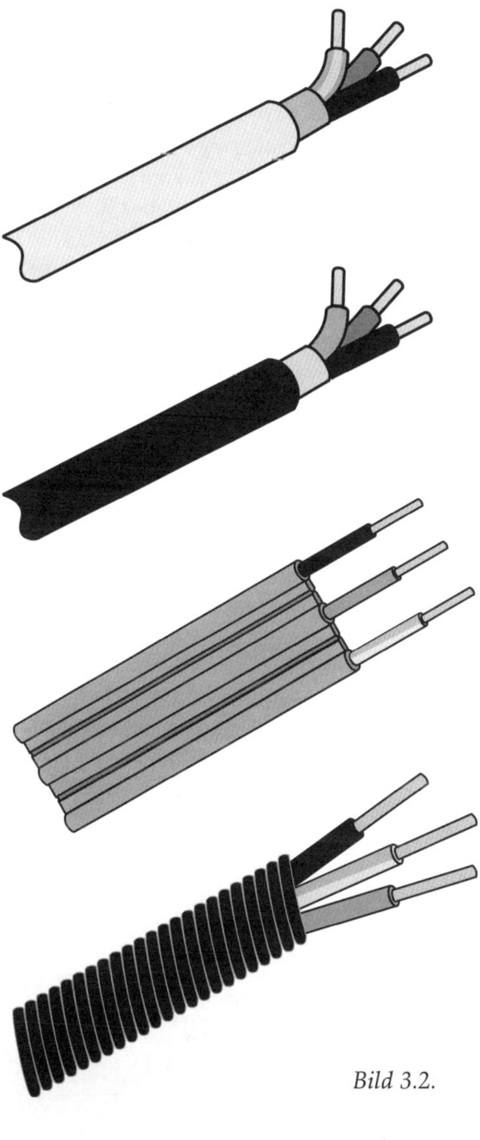

PVC - Mantelleitung
NYM - J, 3 x 1,5 mm

Bestimmt zur Verlegung auf, im und unter Putz, in trockenen und feuchten Räumen sowie im Mauerwerk und Beton, ausgenommen direkte Einbettung in Rüttel- oder Stampfbeton; auch für Verwendung im Freien geeignet, sofern die Leitungen vor direkter Sonneneinstrahlung geschützt sind.

Kunststofferdkabel
NYY - O, 3 x 1,5 mm

Verwendung:
In Innenräumen, Kanälen sowie Industrie- und Schaltanlagen, wenn keine mech. Beschädigungen zu erwarten sind. In Erde mit einem zusätzlichen Schutz versehen, wenn mit mech. Beschädigung zu rechnen ist.

Steg - Leitung
NYIF - J, 3 x 1,5 mm

Bestimmt für das Verlegen in oder unter Putz in trockenen Räumen.

FBY Kunststoff - Rohr
flexibel,gewellt 16 mm
aus Polyäthylen
und PVC Aderleitung
H07V-U 1,5 sw
H07V-U 1,5 bl
H07V-U 1,5 gn/ge

Verwendung:
für die Verlegung in Rohren auf und unter Putz, in geschlossenen Installationskanälen sowie für die innere Verdrahtung von Geräten, Schalt- und Verteilungsanlagen.

Bild 3.2.

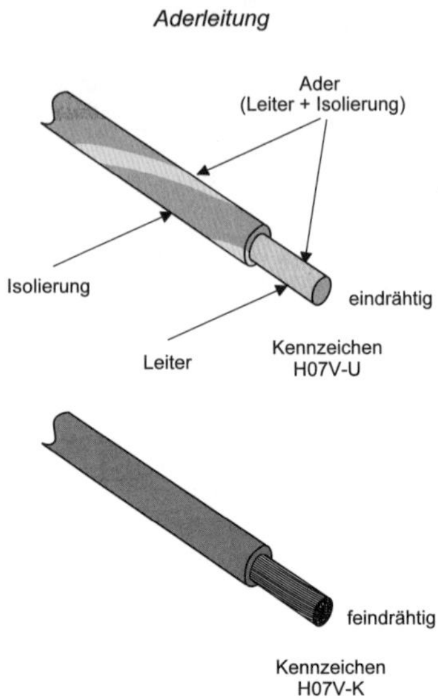

Bild 3.3.

Leitungen für flexible Verlegung

Leitungen für den Anschluß ortsveränderlicher Stromverbraucher haben fein- oder feinstdrähtige Adern (Bild 3.3). Die leichte PVC-Schlauchleitung H 03 VV-F ist als Anschlußkabel für Küchen-, Haushalts- und Büromaschinen zweckmäßig.

Die mittlere PVC-Schlauchleitung H 05 VV-F ist ausgelegt für geringe und mittlere mechanische Beanspruchung und eignet sich auch in feuchten und nassen Räumen z.B. für den Anschluß einer Waschmaschine.

Für mittlere mechanische Beanspruchung und Verwendung in nassen, feuchten und trockenen Räumen sowie im Freien ist die leichte Gummischlauchleitung H 07 RN-F angemessen.

Die einzelnen Leitungen haben Adern mit unterschiedlichen Farben oder eine schwarze Farbe mit Zahlenaufdruck (Bild 3.4). Die grüngelbe Ader darf grundsätzlich nur als Schutzleiter gebraucht werden. Die blaue Ader verwendet man meistens als Neutralleiter. Die schwarzen, braunen und grauen Adern kommen überwiegend als Außenleiter zum Einsatz.

Viele Leitungstypen sind in den EU-Ländern bereits harmonisiert. Der Aufbau des harmonisierten Typenkurzzeichens wird aus der Darstellung von Bild 3.5 ersichtlich. Für die in Deutschland häufig zur Anwendung kommenden Leitungsbauarten wie NYM ist keine Harmonisierung vorgesehen. Die Bedeutung der Typenkurzzeichen von nicht harmonisierten Leitungen ist in Bild 3.6 zu sehen.

Bild 3.4.

Adernanzahl	Adernfarben von Leitungen für alle Verlegungen mit grüngelb	Adernanzahl	Adernfarben von Leitungen für alle Verlegungen ohne grüngelb
2		2	blau/braun
3	grüngelb/blau/braun	3	schwarz/grau/braun
4	grüngelb/braun/schwarz/grau	4	schwarz/grau/blau/braun
5	grüngelb/blau/braun/schwarz/grau	5	schwarz/grau/schwarz/blau/braun

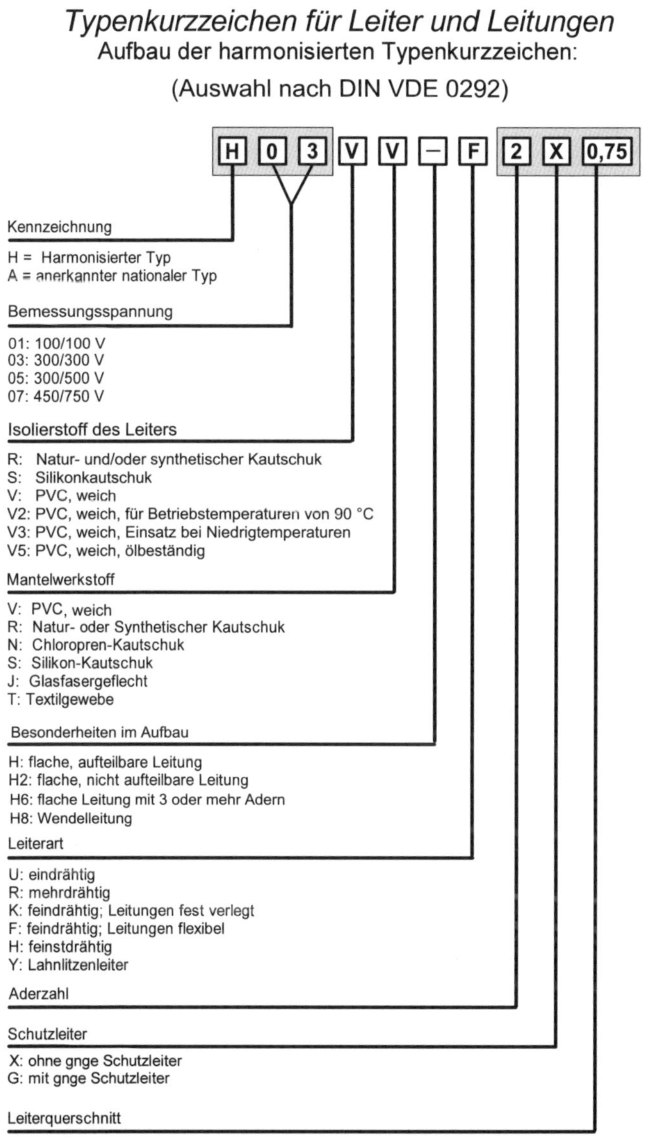
Typenkurzzeichen für Leiter und Leitungen
Aufbau der harmonisierten Typenkurzzeichen:
(Auswahl nach DIN VDE 0292)
H 0 3 V V – F 2 X 0,75
Kennzeichnung
H = Harmonisierter Typ
A = anerkannter nationaler Typ
Bemessungsspannung
01: 100/100 V
03: 300/300 V
05: 300/500 V
07: 450/750 V
Isolierstoff des Leiters
R: Natur- und/oder synthetischer Kautschuk
S: Silikonkautschuk
V: PVC, weich
V2: PVC, weich, für Betriebstemperaturen von 90 °C
V3: PVC, weich, Einsatz bei Niedrigtemperaturen
V5: PVC, weich, ölbeständig
Mantelwerkstoff
V: PVC, weich
R: Natur- oder Synthetischer Kautschuk
N: Chloropren-Kautschuk
S: Silikon-Kautschuk
J: Glasfasergeflecht
T: Textilgewebe
Besonderheiten im Aufbau
H: flache, aufteilbare Leitung
H2: flache, nicht aufteilbare Leitung
H6: flache Leitung mit 3 oder mehr Adern
H8: Wendelleitung
Leiterart
U: eindrähtig
R: mehrdrähtig
K: feindrähtig; Leitungen fest verlegt
F: feindrähtig; Leitungen flexibel
H: feinstdrähtig
Y: Lahnlitzenleiter
Aderzahl
Schutzleiter
X: ohne gnge Schutzleiter
G: mit gnge Schutzleiter
Leiterquerschnitt

Bild 3.5.

Bild 3.6.

Bedeutung der deutschen Typenkurzzeichen

Kurz-zeichen	Bedeutung
A	Ader
B	Bleimantel
C	Abschirmung
F	Flachleitung
FA	Fassungsader
FF	feinstdrähtig
G	Gummiisolierung
H	Hochfrequenzschutz
I	Stegleitung
J	Leitung mit grüngelben Schutzleiter
L	Leuchtröhrenleitung
M	Mantelleitung
N	genormte Leitung
O	Leitung ohne grüngelben Schutzleiter
Ö	ölfest
PL	Pendelleitung
R	Rohrdraht
S	Sonderleitung
T	Leitungstrosse
U	Umhüllung unbrennbar
W	wärmebeständige Leitung
Y	Kunststoffisolierung / Kunststoffmantel
Z	Zinkmantel

Beispiel:
NYM = genormte Mantelleitung
mit Kunststoffisolierung

Bild 3.7. *Außendurchmesser von Kabeln und Leitungen*
Die Maße sind Mittelwerte verschiedener Fabrikate

Ader x qmm	NYM	NYY	H05 W-F	H07 RN-F	NYCY+NYCWY
2 x 1,5	10 mm	11 mm	9 mm	10 mm	12 mm
2 x 2,5	11 mm	13 mm	11 mm	11 mm	14 mm
3 x 1,5	10 mm	12 mm	9 mm	10 mm	13 mm
3 x 2,5	11 mm	13 mm	10 mm	12 mm	14 mm
3 x 4	13 mm	17 mm		14 mm	15 mm
3 x 6	15 mm	18 mm		16 mm	16 mm
3 x 10	18 mm	20 mm		23 mm	18 mm
3 x 16	20 mm	22 mm		25 mm	22 mm
4 x 1,5	11 mm	13 mm	9 mm	11 mm	13 mm
4 x 2,5	12 mm	14 mm	11 mm	13 mm	15 mm
4 x 4	14 mm	16 mm		15 mm	16 mm
4 x 6	16 mm	17 mm		17 mm	18 mm
4 x 10	18 mm	19 mm		23 mm	24 mm
4 x 16	22 mm	23 mm		27 mm	24 mm
4 x 25	27 mm	27 mm		32 mm	30 mm
4 x 35	30 mm	28 mm		36 mm	31 mm
4 x 50		30 mm		42 mm	34 mm
4 x 70		34 mm		47 mm	38 mm
4 x 95		39 mm		53 mm	43 mm
4 x 120		42 mm			46 mm
4 x 150		47 mm			52 mm
4 x 185		55 mm			60 mm
4 x 240		62 mm			70 mm
5 x 1,5	11 mm	14 mm	11 mm	14 mm	15 mm
5 x 2,5	13 mm	15 mm	13 mm	17 mm	17 mm
5 x 4	15 mm	17 mm		19 mm	18 mm
5 x 6	17 mm	19 mm		21 mm	20 mm
5 x 10	20 mm	21 mm		26 mm	
5 x 16	25 mm	23 mm		30 mm	
8 x 1,5		15 mm			
10 x 1,5		18 mm			
16 x 1,5		20 mm			
24 x 1,5		25 mm			

NYM Mantelleitung
NYY Kabel mit Kunststoffmantel
NYCY Kabel mit konzentrischem Leiter u. Kunststoffmantel
H 05 W-F leichte Gummi-Schlauchleitung
H 07 RN-F schwere Gummi-Schlauchleitung
NYCWY Kabel mit konzentrischem, wellenförmigem Leiter u. Kunststoffmantel

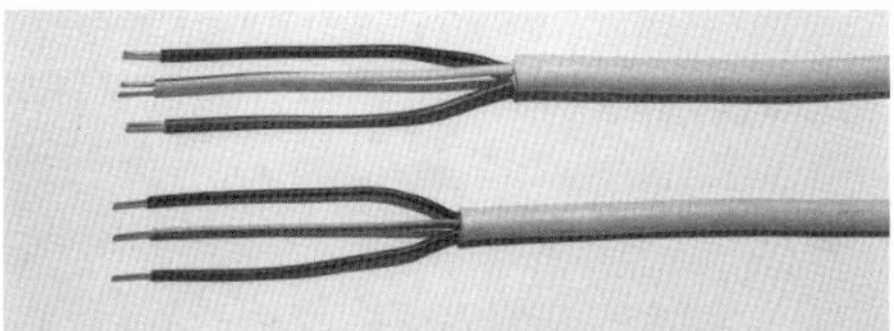

Bild 3.8. NYM-/3 × 1,5 mm² und NYM-/3 × 2,5 mm² im Vergleich

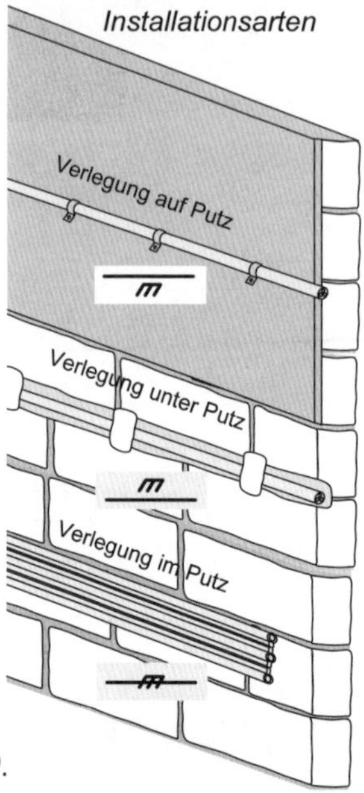

Bild 3.9.

3.2 Verlegen der Leitung auf Putz

Die wichtigsten Verlegearten im Wohnungsbau sind die Verlegungen auf Putz, in Putz und unter Putz. Bild 3.9 zeigt diese Verlegearten und die dementsprechenden grafischen Symbole. Leitungen lassen sich sichtbar oder unsichtbar verlegen. Sichtbar verlegte Leitungen sehen nicht sehr schön aus, dafür wird aber auch kein Nagel versehentlich in die Leitung geschlagen. Die auf Putz-Installation wird in erster Linie dort angewendet, wo es nicht auf die Schönheit ankommt; sie ist üblich in der Garage, dem Keller und dem Dachboden.

Bei der Auf-Putz-Verlegung kann die Leitung frei auf der Wand verlegt und mit Druckschellen oder Nagelschellen befestigt werden. Ebenso kann in Bereichen, wo es auf die Schönheit ankommt, ein Kabelkanal montiert werden. Wenn mechanische Beschädigungsgefahr besteht, kann die Leitung auch im Schutzrohr verlegt werden. Die Verlegung im Schutzrohr bringt zudem noch eine Zeitersparnis, da das Schutzrohr (Bild 3.10) in größeren Abständen befestigt werden kann. Die Bilder 3.11 und 3.12 zeigen den Unterschied der Befestigungsabstände von auf Putz verlegten Leitungen zu auf Putz verlegten Schutzrohren. Die Befestigungsabstände sollten nicht exakt eingehalten werden, sondern von den Richtwerten so abweichen, daß sich gleiche Abstände zwischen den Befestigungspunkten ergeben.

Bild 3.10.

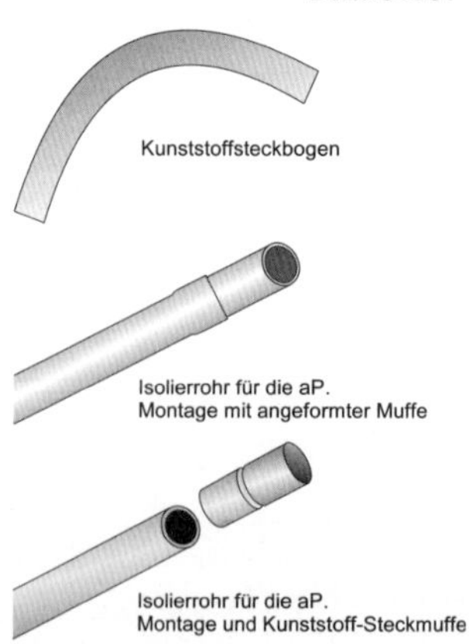

Die Auf-Putz-Verlegung mit Nagel-, Schraub- oder Klemmfix-

Bild 3.11.

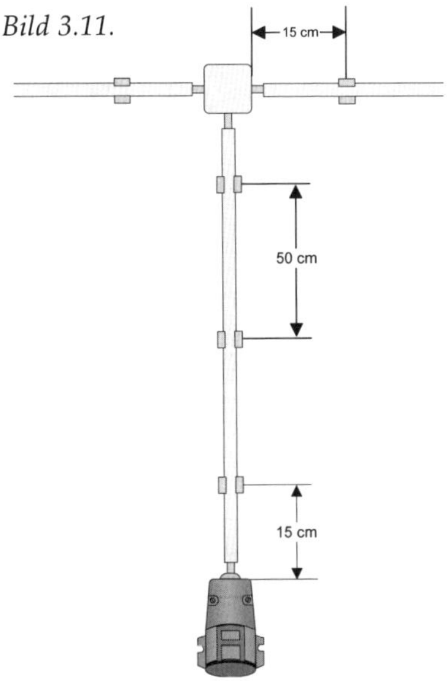

Bild 3.12.

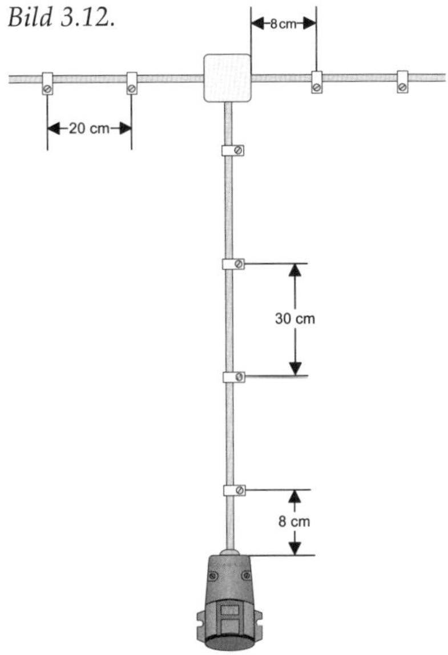

schellen (Bild 3.13) ist eine günstige Befestigungsart. Bei einem waagerechten Verlauf der Leitung auf Decken oder an Wänden sollte ein Schellenabstand vom 20- bis 30fachen Leitungsdurchmesser eingehalten werden. Das entspricht in etwa einem Abstand zwischen den Schellen von ca. 20 cm (Bild 3.14).

Verläuft das Kabel senkrecht, kann der Schellenabstand um das 1,5fache erhöht werden. Die Nagelschellen werden entsprechend der Stärke der Putzschicht und Härte des Mauersteines ausschließlich mit Stahlnadeln mit einem Durchmesser von 2 mm und einer Länge von 23, 30, 40 oder 50 mm angenagelt. Für die Verlegung auf Holz sind Stahlnadeln mit einer Länge von 23 mm ausreichend. Für eine schnellere Verarbeitung können Sie vorgestiftete Nagel-

Bild 3.13.

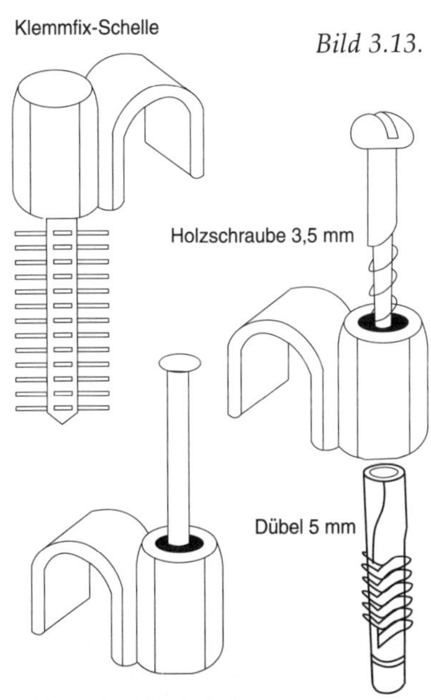

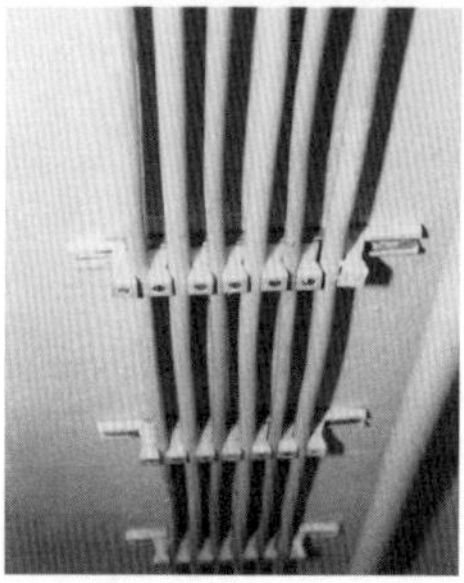

Bild 3.14.

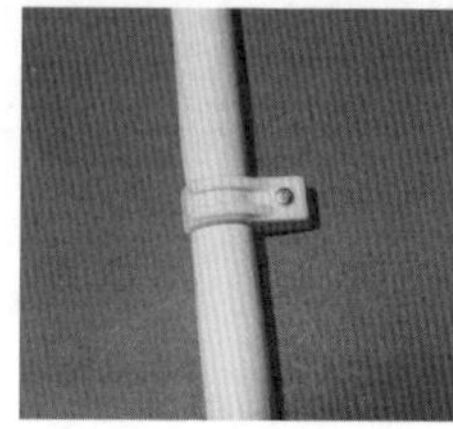

Bild 3.15.

schellen verwenden. Die übliche Nagelschellengröße für die oft benutzte Leitung Typ NYM 3 × 1,5 mm² ist 7...11 mm, für den Kabel-Typ NYM 5 × 1,5 mm² ist sie 10...14 mm (Bild 3.15).

Bekommen Sie mit den Stahlnadeln keinen Halt, können alternativ auch Schraubschellen verwendet werden. In der Regel reichen für die Montage von Schraubschellen 5 mm Kunststoffdübel und Holzschrauben mit 3,5 mm Durchmesser. Die Klemmfixschelle bietet den Vorteil, daß keine Dübel und Schrauben benötigt werden. Diese Schelle wird nur einfach in das Bohrloch geschlagen und bekommt durch die dübelartige Befestigung guten Halt.

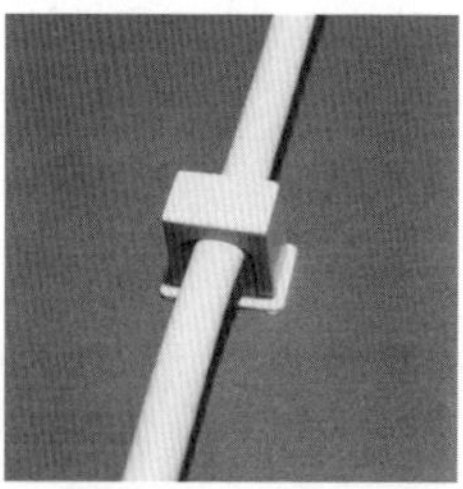

Bild 3.16.

Für die Auf-Putz-Verlegung können alternativ zu den Nagelschellen auch sogenannte Druck- oder Greifkabelschellen verwendet werden (Bild 3.16). Bei den Druckschellen nehmen sie die gleichen Schellenabstände wie bei den Nagelschellen. Die Druck- oder Greifschellen befestigen Sie am besten mit 6-mm-Kunststoffdübel und Holzschrauben mit 4,5 mm Durchmesser und einer dem Mauerwerk entsprechenden Länge von 35, 40 oder 50 mm. Gängige Schellengrößen haben einen Durchmesser von 6...12, 7...16 und 14...24 mm. Für schwere Leitungen können Sie an Stelle von Druckschellen auch Schraubkabelschellen verwenden (Bild 3.17). Für die Befestigung der Druckschellen auf Holz sind meistens Holzschrauben von 4,5 × 25 mm ausreichend.

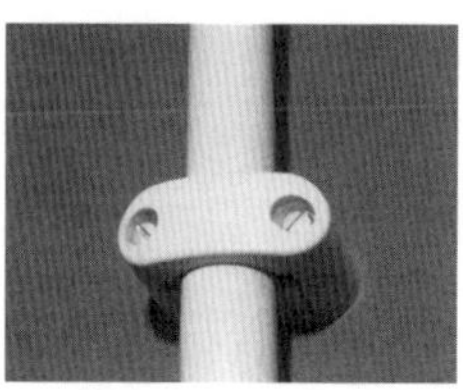

Bild 3.17.

Bild 3.18.

Wenn Sie keine Löcher bohren dürfen oder möchten, können Sie, auf glatten Oberflächen, Klebeschellen verwenden (Bild 3.18). Diese Schellen besitzen eine hohe Klebekraft auf glattem Holz, Steinfliesenböden, Fenstern oder Türstöcken aus Holz, Kunststoff oder Metall. Auch auf Metallverkleidungen ist das Verlegen der Leitungen mit Klebeschellen möglich. Für die Befestigung der Klebeschellen ist kein Kleber erforderlich, Sie ziehen nur die Schutzfolie von der Unterseite der Schelle ab und drücken sie an. Mit einem Kabelbinder (Bild 3.19) von 98 × 2,5 mm wird die Leitung an der Klebeschelle befestigt.

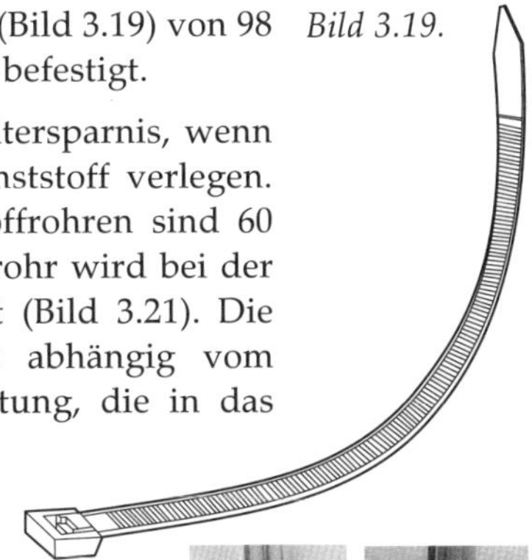

Bild 3.19.

Es macht sich optisch gut und bringt eine Zeitersparnis, wenn Sie die Leitung in einem Schutzrohr aus Kunststoff verlegen. Als Befestigungsabstand bei starren Kunststoffrohren sind 60 bis 80 cm ausreichend (Bild 3.20). Das Schutzrohr wird bei der Montage nur in die Klemmschellen gedrückt (Bild 3.21). Die erforderliche Größe für ein Schutzrohr ist abhängig vom Leitungstyp bzw. dem Durchmesser der Leitung, die in das Rohr eingezogen wird (Bild 3.22).

An den Stoßstellen werden die Schutzrohre mit Kunststoffsteckmuffen miteinander verbunden. Als Zubehör für Schutzrohre gibt es auch 90°-Bögen (Bild 3.23), auf die Sie verzichten können, wenn keine mechanische Beschädigungsgefahr für die Leitung besteht. Das Weglassen der Steckbögen erleichtert das Einziehen der Kabel in die Rohre. Um Beschädigungen zu vermeiden, darf die Leitung beim Einziehen nicht geknickt oder gequetscht werden. Besteht die Gefahr einer mechanischen Beschädigung des Schutzrohres, sollten Sie ein Kunststoffpanzerrohr (Bild 3.24), Stahlpanzer- oder Aluminiumrohr verlegen. Bei der Rohrverlegung ohne Rohrbögen ist zu beachten, daß die Rohrabstände so ausgelegt werden, daß an den Bögen (Bilder 3.25 und 3.26) der maximal zulässige

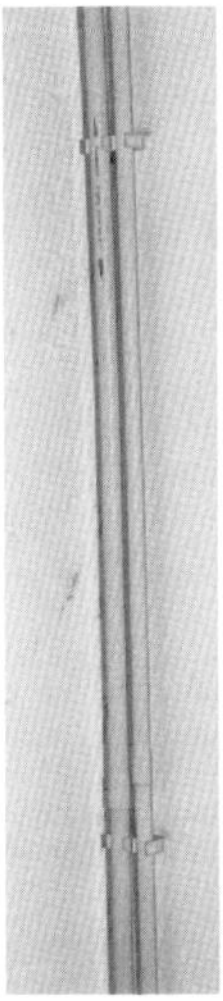

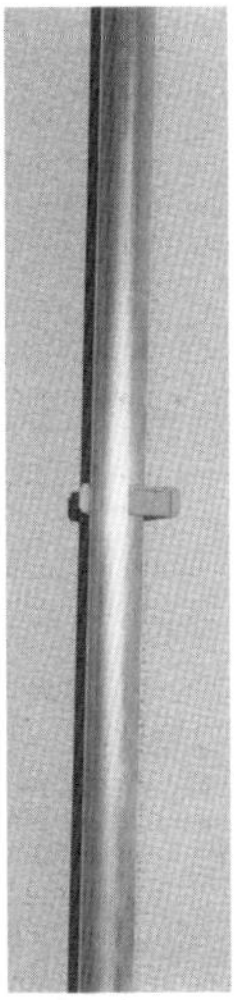

Bild 3.20. (oben links)
Bild 3.21. (oben rechts)

Rohrdurchmesser in mm für Mantelleitungen NYM (Wellrohre)	
EN	NYM
16	3 x 1,5 mm²
20	4 x 1,5 mm²
20	5 x 1,5 mm²
20	5 x 2,5 mm²

Rohrdurchmesser in mm für Mantelleitungen NYM (Glattrohre)	
EN	NYM
20	3 x 1,5 mm²
25	4 x 1,5 mm²
25	5 x 1,5 mm²
25	5 x 2,5 mm²

Bild 3.22. (links).

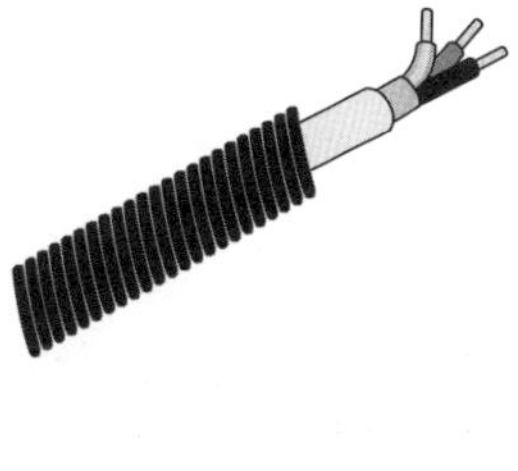

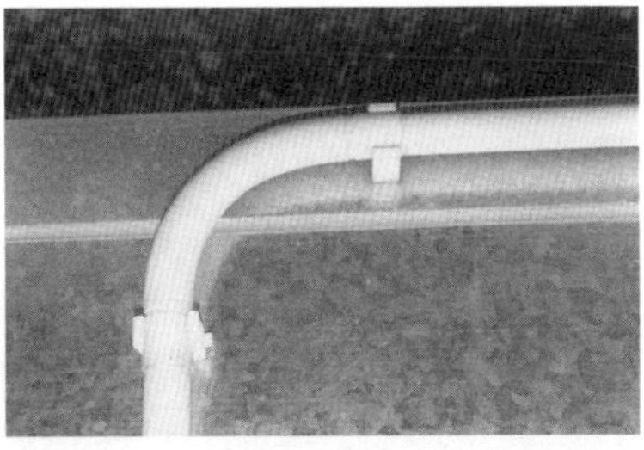

Bild 3.23.(rechts).

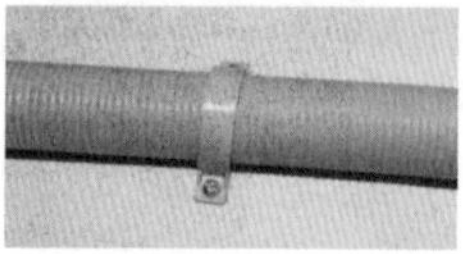

Bild 3.24.

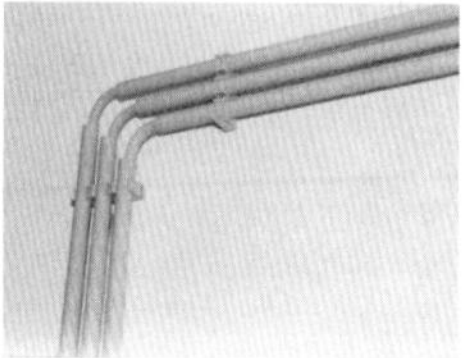

Bild 3.25.

Bild 3.26.

Biegeradius für die Leitungen eingehalten werden kann. Für Kunststoffkabel beträgt der maximale Biegeradius das 15fache des Leitungsdurchmessers. Obwohl es in der Installationspraxis häufig vorkommt, daß einige Zentimeter Abstand eingehalten werden, kann ein guter mechanischer Schutz für die Leitung nur dann erreicht werden, wenn die Schutzrohre so nahe wie möglich an die Steckdosen, Schalter, Abzweigkästen, Lampen usw. herangeführt werden (Bilder 3.27 und 3.28).

In Wohnräumen sieht eine im Kabelkanal verlegte Leitung besser aus als eine Leitung im Schutzrohr. Der zusammenfaltbare Multisuper-PVC-Minikabelkanal wird als flacher Streifen auf die gewünschte Fläche geklebt, genagelt oder geschraubt. Die erhältlichen Kanalgrößen reichen von 16 × 16 bis 38 × 16 mm. Die Größe 16 × 16 mm reicht aus für die Aufnahme von mehreren Leitungen. Beim Einlegen der Leitungen werden die Seitenwände des Kabelkanals aufgestellt, und mit dem Schließen des Kanaldeckels bleibt der Kabelkanal in seiner sta-

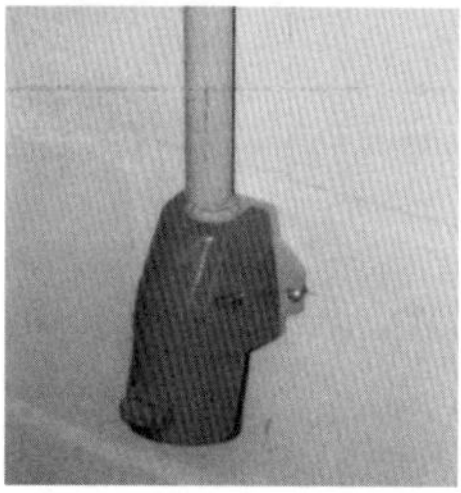

Bild 3.27.

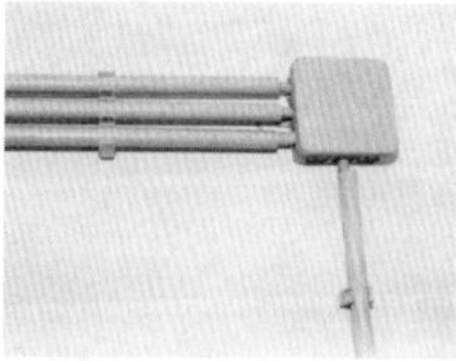

Bild 3.28.

Bild 3.29.

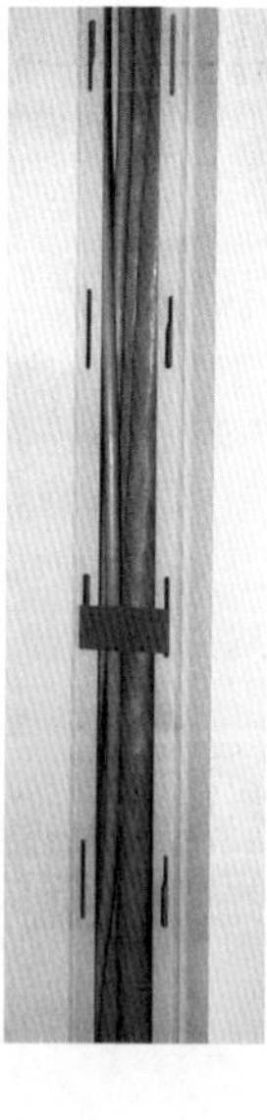

Bild 3.30. Kabelkanalsystem

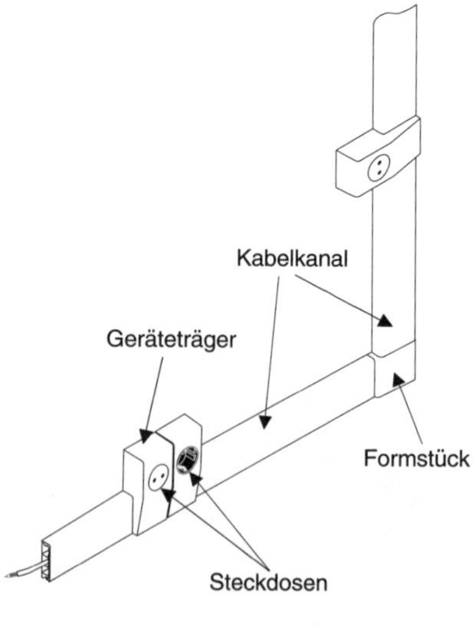

bilen Form. Handelsübliche Kabelkanäle sind in den Farben grau, braun und weiß (Bild 3.29) erhältlich.

Bild 3.31.

Noch unauffälliger ist ein Kabel, wenn vorhandene Sockelleisten oder Teppichleisten gegen Sockel- oder Teppichleistenkanäle ausgetauscht werden. Kabelkanalsysteme gibt es heute für viele verschiedene Anwendungen. Vom Türumfahrungskanal bis zum Bodenkanal ist alles im Fachhandel erhältlich. Umfangreiches Zubehör wie T- und Kreuzstücke, Innen- und Außenecken, Flachwinkel, Endstücke sowie Geräteträger ermöglichen eine problemlose Montage von Kabelkanalsystemen (Bild 3.30).

Eine schnelle Montage von mehreren Leitungen ermöglicht die Bügelschelle (Bild 3.31). Diese Schelle wird in eine Profilschiene eingehängt und mit dem Schraubendreher befestigt. Das Bild 3.32 zeigt eine Bügelschelle im Detail mit den üblichen Spannbereichen. Überwiegend kommt diese Art der Leitungsbefestigung in Industrieanlagen zum Einsatz.

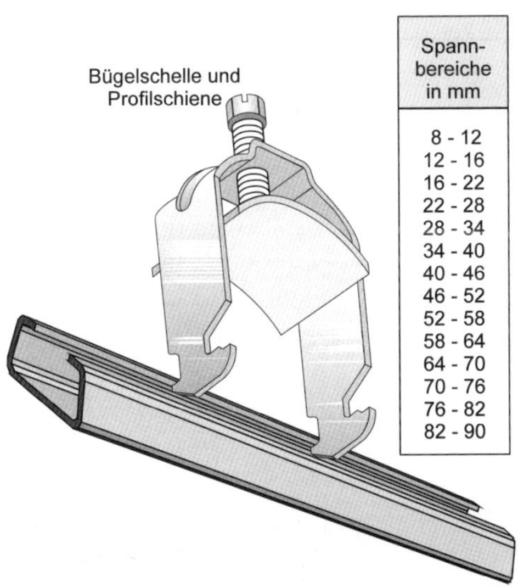

Bild 3.32.

Bild 3.33.

3.3 Verlegen der Leitung unter Putz

Die Leitungsverlegung unter Putz mit flexiblem Rohr bietet den Vorteil, daß bei einer Beschädigung der Adern, z.B. durch das Einschlagen eines Nagels, die Leitung in der Regel problemlos ausgewechselt werden kann. Hinzu kommt, daß auch ein Nachziehen von zusätzlich benötigten Adern möglich ist. Verschiedene Leitungstypen, die für eine feste Verlegung geeignet sind, dürfen Sie auch direkt ohne Schutzrohr unter Putz verlegen. In den maßgebenden Normen finden Sie den Hinweis, daß Rohre und Leitungen an oder in Wänden nur waagerecht oder senkrecht verlegt werden dürfen (Bild 3.33).

Bild 3.34.

Werden Leerrohre in Mauerschlitze eingelegt, so ist eine Befestigung mit Schellen sicherlich nicht praxisnah. Oft ist es auch schwierig, Schellen in Mauerschlitzen anzubringen. Aus diesem Grund hat es sich eingebürgert, die in den Mauerschlitzen verlegten Rohre mit Nägeln zu befestigen (Bild 3.34). Die Nägel sollten sehr sorgfältig und nicht krumm eingeschlagen werden, da flexible Leerrohre relativ leicht brechen. Die eigentliche Fixierung des Rohres erfolgt danach durch angebrachte Gipsbänder (Bild 3.33) oder vollständiges Schließen des Schlitzes mit Putz. Die Nägel sollten nach der eigentlichen Befestigung des Rohres wieder entfernt werden, damit es zu keinen Rostflecken an der Wand kommt.

Die Verwendung einer elektrischen Mauerfräse, mit einem der Rohrgröße entsprechenden Fräseinsatz, macht die Befestigung des Rohres überflüssig. Die Fräseinsätze sind so dimensioniert, daß das Rohr durch bloßes Eindrücken in den Schlitz einen guten Halt bekommt.

Beim Stämmen oder Fräsen von Mauerschlitzen in tragende Wände ist Vorsicht geboten. Tragende Wände sind Wände, die

3.3 Verlegen der Leitung unter Putz

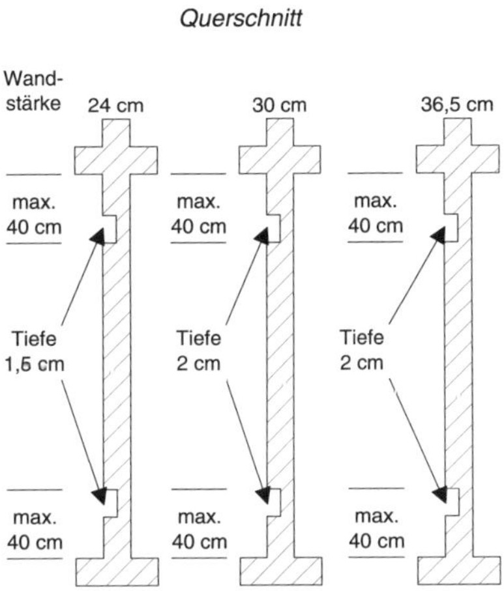

Ohne statischen Nachweis zulässige horizontale Schlitze in tragenden Wänden nach DIN 1053 Teil 1

Bild 3.35.

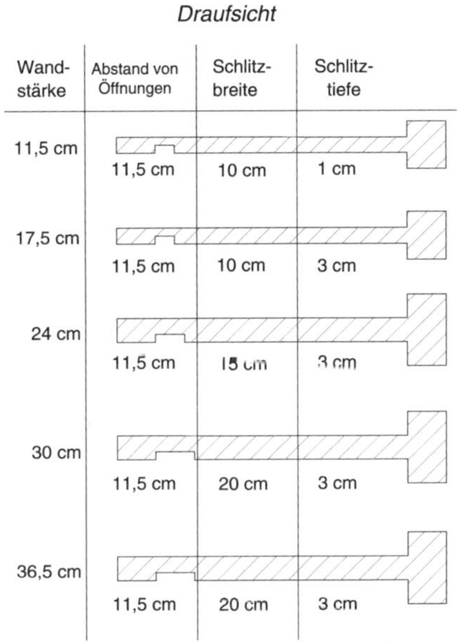

Bild 3.36.

Ohne statischen Nachweis zulässige vertikale Schlitze in tragenden Wänden nach DIN 1053 Teil 1

EN Maß	Außen-durch-messer
16	16mm
20	20mm
25	25mm
32	32mm
40	40mm
50	50mm
63	63mm

Bild 3.37.

Klassifizierungscode für Elektroinstallationsrohre nach DIN EN 50086

erste Ziffer		zweite Ziffer		dritte Ziffer		vierte Ziffer	
Druckfestigkeit		Schlagfestigkeit		minimale Gebrauchs-temperatur		maximale Gebrauchs-temperatur	
1	sehr leicht	1	sehr leicht	1	+ 5° C	1	+ 60 °C
2	leicht	2	leicht	2	- 5° C	2	+ 90 °C
3	mittel	3	mittel	3	- 15° C	3	+105 °C
4	schwer	4	schwer	4	- 25° C	4	+120 °C
5	sehr schwer	5	sehr schwer	5	- 45° C	5	+150 °C
						6	+250 °C
						7	+400 °C

Beispiel: 3335

Rohrsystem mittlerer Druckfestigkeit und mittlerer Schlagfestigkeit für eine Gebrauchstemperatur von - 15 °C bis +150 °C

Bild 3.38.

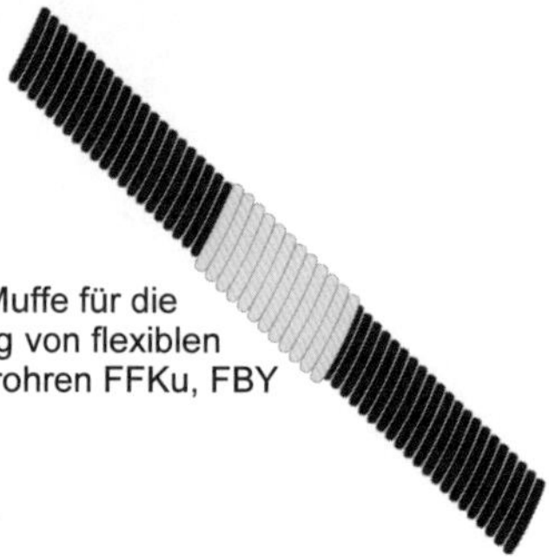

Bild 3.39.

Rohrdurchmesser in mm für Aderleitungen (H07V-U)				
mm^2	Anzahl der Aderleitungen 2	3	4	5
1,5	16	16	20	20
2,5	16	20	20	20
4	16	20	20	25
6	20	20	25	25

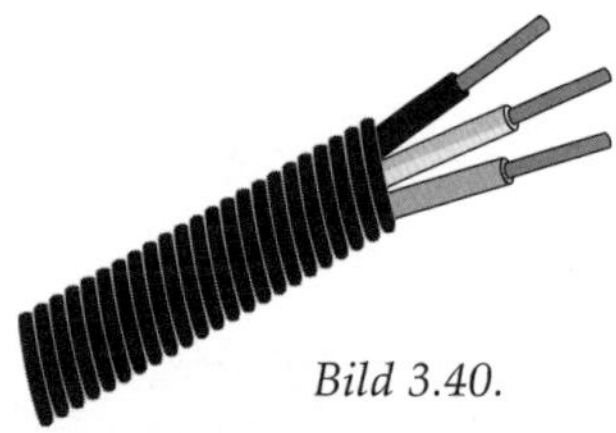

Bild 3.40.

vertikale Lasten (Deckenlasten) und horizontale Lasten (Windlasten) aufnehmen können. Die geforderte Standfestigkeit des Mauerwerkes darf durch Schlitze nicht beeinträchtigt werden. Ebenso sollten Sie darauf achten, daß Brand-, Wärme- und Schallschutz nicht gemindert werden. Schlitze, die eine bestimmte Größe nicht überschreiten, können in tragende Wände gestemmt werden, ohne daß ein statischer Nachweis für die vorgenommene Schwächung gefordert wird (Bild 3.35 und 3.36).

Nach der Feuerungsverordnung (FeuVO) sind Mauerschlitze jeglicher Art in Schornsteinen verboten.

Die üblichen Nenngrößen von flexiblen Elektrorohren sind in Bild 3.37 aufgelistet. Die neue Kurzbezeichnung für Elektrorohre ist in Bild 3.38 enthalten. Bei der Rohrverlegung ist darauf zu achten, daß mindestens eine Zugdose je 10 m Rohr eingesetzt wird. Senkrecht verlegte, etagenüberschreitende Rohre sollten mindestens eine Zugdose je Etage erhalten. Rohrleitungsunterbrechungen oder beschädigte Rohre können Sie mit zugfesten Spezialmuffen (Bild 3.39), die es passend für alle Rohrgrößen gibt, verbinden. Für die Auswahl der Rohrgröße sind die Anzahl der Adern, die in das Rohr eingezogen werden, und deren Querschnitt ausschlaggebend (Bild 3.40).

Bevor der Mauerschlitz verputzt wird, sollten Sie sogenannte Zugdrähte in die Leerrohre einziehen. An den Zugdrähten werden die Leitungen beim Einziehen angehängt. Erst dadurch wird das Einziehen von Leitungen in lange Leerrohre möglich.

Bild 3.41.

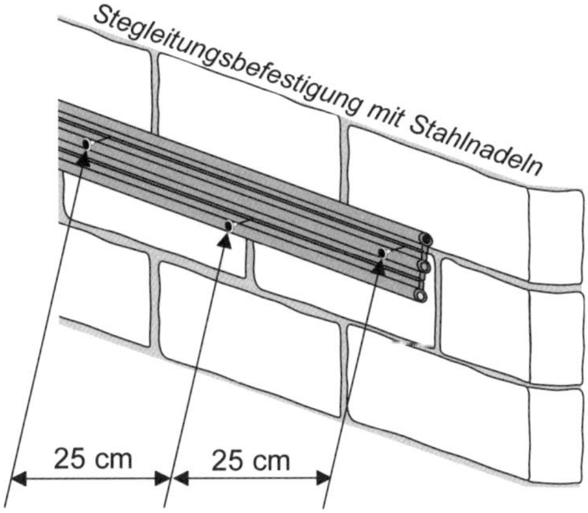

3.4 Verlegen der Leitung im Putz

Stegleitungen NYIF (Umhüllung aus Gummi) und NYIFY (Umhüllung aus PVC) sowie Mantelleitungen NYM dürfen direkt auf dem Rohmauerwerk (im Putz) verlegt werden. Die Stegleitung ist mit ihrer dünnen Bauform (ca. 2 mm) speziell für die Verlegeart im Putz konzipiert und kommt vor allem in den deutschsprachigen Ländern zum Einsatz. Ein ausreichender mechanischer Schutz für Stegleitungen ist die Abdeckung mit einer mindestens 4 mm starken Putzschicht. Auf Putz und auf brennbaren Baustoffen sowie in nassen oder feuchten Räumen darf die Stegleitung nicht verlegt werden. In Bädern gilt der Bereich 0 bis 2 als Feuchtraum. Auch für die Verlegung in Beton, in Rohren, in Leichtbauwänden und in Kabelkanälen ist die Stegleitung nicht geeignet.

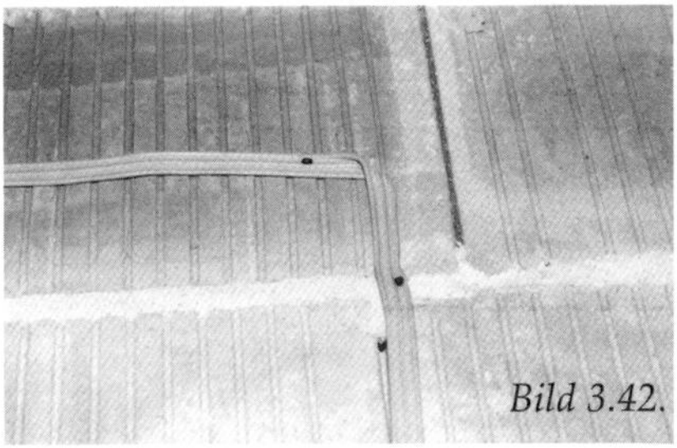

Bild 3.42.

Bild 3.43.

Stegleitung mit aufgetrenntem Bogen

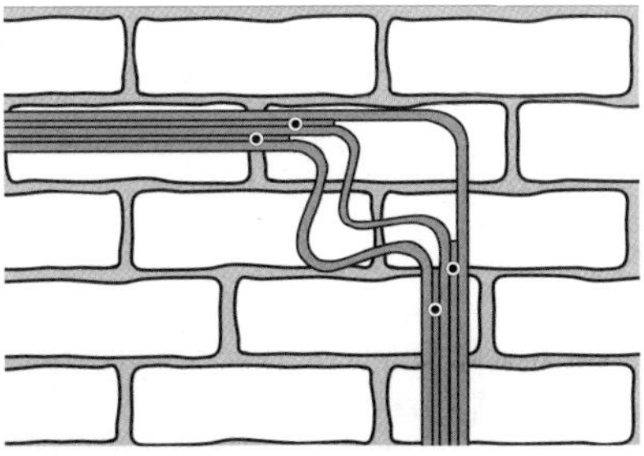

Bild 3.44.

Die Stegleitung wird in Abständen von ca. 25 cm mit speziellen Stegleitungsnägeln befestigt (Bild 3.41). Diese Stegleitungsnägel besitzen eine Isolierscheibe unter dem Nagelkopf, die einen größeren Durchmesser als der Nagelkopf hat. Durch diese Isolierscheibe kann eine Beschädigung der Stegleitung beim Annageln verhindert werden. Auf dem Markt sind auch Nagelschellen mit einer der Stegleitung angepaßten Form erhältlich, die in der Praxis aber nur relativ selten zum Einsatz kommen.

Eine weitere Möglichkeit für das Befestigen einer Stegleitung sind Gipsbänder, die in regelmäßigen Abständen über die Leitung gezogen werden. Bei dieser Methode wird die Stegleitung zuerst mit Stahlnadeln angeheftet. Nach dem Abbinden der Gipsbänder werden die Nägel wieder entfernt.

Bild 3.45.

Auf glatten Betonflächen wird das Kleben der Stegleitung bevorzugt. Für das Kleben muß die Betonfläche trocken sein und mit einem Handbesen staubfrei gekehrt werden. Ein guter Halt wird durch Einstreichen des Leitungsweges mit Kleber auf der Betonfläche und dem Einstreichen der Stegleitung in ihrem gesamten Verlauf erreicht. Nach dem Einstrei-

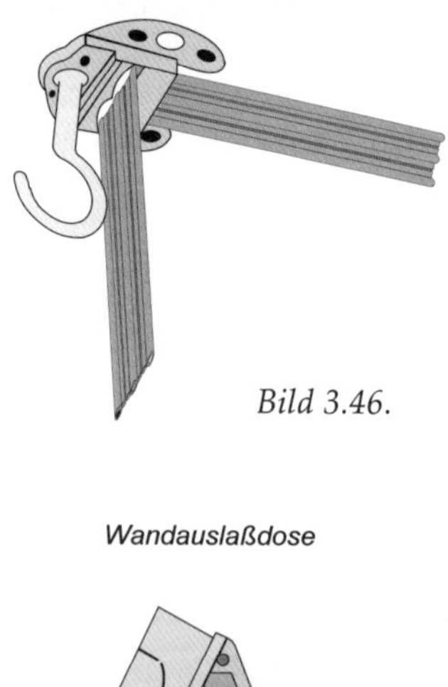

Bild 3.46.

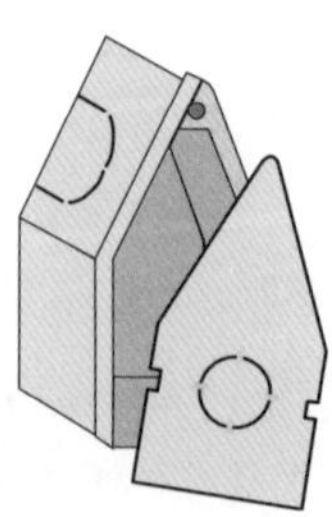

chen mit Stegleitungskleber ist eine Wartezeit von etwa 5 Minuten üblich. Danach wird die Stegleitung mit der Hand an die Betonwand bzw. Betondecke angedrückt. Ein Festklopfen der Leitung mit dem Hammer oder anderen Werkzeugen ist wegen der Beschädigungsgefahr nicht zulässig. Mit viel Übung ist es auch möglich, die Stegleitung mit 11 mm langen Stegleitungsnägeln an der Betondecke oder Betonwand anzunageln.

Bild 3.47.

Zwischen parallel geführten Stegleitungen sollte ein Abstand von ungefähr 2 cm eingehalten werden, damit eine ausreichende Haftung des Putzes an der Wand gegeben ist.

Bei einer Änderung von waagerechter zur senkrechten Leitungsführung erhalten Sie durch Umklappen der Stegleitung einen Leitungsbogen (Bild 3.42). Das Umklappen hat den Nachteil, daß bei einer geringen Putzdicke die Leitung an der Umklappstelle zu stark aufträgt und eine Vertiefung aus dem Mauerwerk gestemmt werden muß. Besser ist ein Stegleitungsbogen mit aufgeschnittener Stegleitung (Bild 3.43). Der Steg wird hierfür an der Biegestelle einige Zentimeter entlang den Nagelrillen aufgeschnitten und etwa 10 bis 15 cm auseinandergezogen. Kurz vor dem aufgeschnittenen Bogen wird die Leitung auf beiden Seiten mit je 2 Stegleitungsnägeln befestigt.

Vor dem Einführen der Stegleitung in eine Stromkreisverteilung, Schalter- oder Abzweigdose muß die Stegleitung, im Gegensatz zur Mantelleitung, nicht abisoliert werden (Bild 3.44). Bei einer 4- oder 5adrigen Stegleitung ist es vor dem Einführen der Stegleitung in die Installationsdose erforderlich, das Leitungsende aufzuschneiden oder aufzureißen. Die übereinander gelegten Enden können problemlos in die Dose geschoben werden, wenn das Mauerwerk im Einführungsbereich zur Dose dementsprechend ausgestemmt wurde (Bild 3.45).

Bild 3.48.

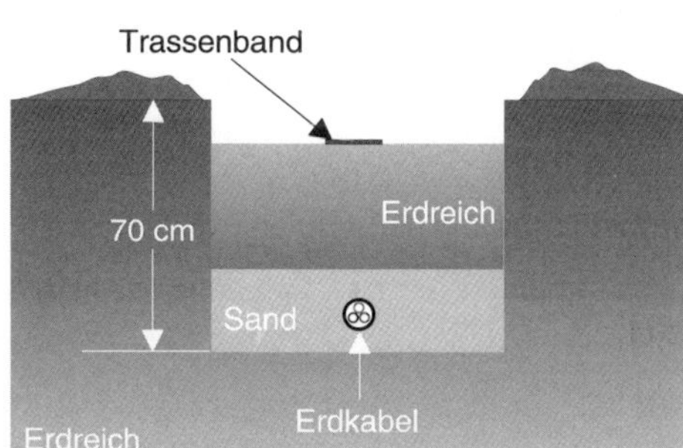

Ein Ausbrechen der Putzschicht bei Wand- oder Deckenauslässen

Bild 3.49.

können Sie durch Deckenauslaßschellen bzw. Wandauslaßdosen verhindern (Bild 3.46).

Aufwendige Durchgangsprüfungen beim Verdrahten der Abzweigdosen kann man vermeiden, indem man die Verdrahtung bereits vor dem Verputzen der Wände durchführt. Nach den Verdrahtungsarbeiten können die Abzweig- und Schalterdosen mit einem Putzstopfen verschlossen werden (Bild 3.47), so daß kein Putz und keine Feuchtigkeit in die Installationsdosen eindringen können.

3.5 Verlegen eines Kabels im Erdreich

Direkt im Erdreich dürfen Sie nur ein „Kabel" verlegen, z.B. den Kabeltyp NYY oder NYCWY. Der genormte Unterschied zwischen einem Kabel und einer Leitung ist, daß ein Kabel eine Leitung ist, die auch im Erdreich verlegt werden darf. Eine sogenannte Leitung, wie der Typ NYM, darf nur in Innenräumen oder im Freien verwendet werden, nicht aber in der Erde.

Starkstromkabel sind mindestens 0,6 m tief auf glatter steinfreier Grabensohle zu verlegen. Steine, die im Kabelgraben liegen, können nach dem Auffüllen des Kabelgrabens mit dem Gewicht der Grabenfüllung auf das Kabel drücken und es beschädigen. Aus diesem Grund ist zu empfehlen, daß vor der Kabelverlegung der Kabelgraben mit einer 10 cm hohen Sandschicht aufgefüllt wird. Nach der Kabelverlegung sollten Sie weitere 10 cm des Kabelgrabens mit Sand auffüllen (Bild 3.48). Ein zusätzlicher Schutz durch Abdeckung des Kabels mit dachfirstziegelähnlichen Abdeckhauben, Kunststoff-Kabelhauben oder Betonplatten, wie früher üblich, wird nicht mehr gefordert. Eine Kabelabdeckung mit ölgetränktem Kiefernholz, wie noch 1975 empfohlen, ist heute aus Gründen des Umweltschutzes undenkbar.

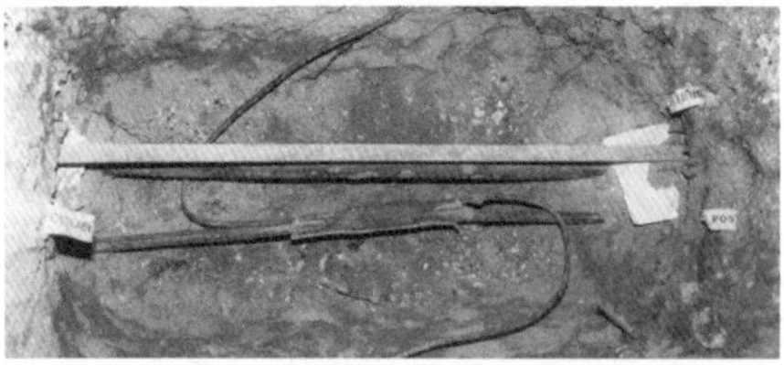

Bild 3.50.

Bewährt hat sich der Einsatz von Trassenbändern (Bild 3.49). Das sind gelbe oder rote Kunststoffbänder, die über dem Erdkabel verlegt werden. Bei nachträglichen Grabarbeiten soll das Trassenband das Erdkabel vor versehentlicher Beschädigung bewahren.

Bei Kreuzungen oder Näherungen im Erdreich von Starkstrom- und Fernmeldekabeln muß ein Mindestabstand zwischen den Kabeln von 10 cm eingehalten werden. Aus Sicherheitsgründen verlegt man teilweise 10 cm über dem Erdkabel Bandstahl 30 × 3,5 mm oder Rundstahl mit 10 mm Durchmesser (Bild 3.50).

Bis vor einigen Jahren durfte man nur Erdkabel in Schutzrohre einziehen, die im Erdreich verlegt sind. Heute können auch Leitungen verwendet werden, wenn sichergestellt ist, daß in das Schutzrohr kein Wasser und keine Feuchtigkeit eindringen können.

3.6 Strombelastbarkeit und Spannungsfall von Leitungen

Der Nennstrom einer Überstromschutzeinrichtung, mit der ein Stromkreis abgesichert werden darf, ist abhängig von der Umgebungstemperatur, der Verlegeart der Leitung, dem Querschnitt der Leiter und der Länge der Leitung. Durch die richtige Auswahl der Überstromschutzeinrichtung wird verhindert, daß Leitungen als Folge einer zu hohen Temperatur beschädigt oder zerstört werden. In der Regel wird eine durchschnittliche Umgebungstemperatur von 25 °C angenommen. In warmen Ländern kann die durchschnittliche Umgebungstemperatur auch bei 30 °C liegen. Diese 5 °C Differenz bewirkt, daß in den wärmeren Ländern die Strombelastbarkeit von PVC-isolierten Leitungen um 6 % geringer ist.

Auf die Erwärmung der Leitung wirkt sich auch die Verlegeart aus. Es besteht ein wesentlicher Unterschied zwischen einer Leitung, die frei in Luft mit ungehinderter Wärmeabgabe verlegt ist, und einer Häufung von Leitungen, die in einem Elektroinstallationsrohr oder einem Elektroinstallationskanal mit gehinderter Wärmeabgabe verlegt sind. Außerdem ist auch der Querschnitt einer Leitung zu berücksichtigen. Ein Leiter mit einem großen Querschnitt erwärmt sich bei weitem weniger als ein Leiter mit einem kleinen Querschnitt.

Die Vergrößerung bzw. Verringerung der Strombelastbarkeit bei anderen Temperaturen als 25 °C kann mit nachfolgenden Faktoren umgerechnet werden. Ausgehend von den Strombelastbarkeiten für 25 °C mit dem Wert 1, müssen die Strombelastbarkeiten für andere Umgebungstemperaturen mit folgenden Faktoren multipliziert werden:

10 °C (Strombelastbarkeit für 25 °C × 1,15)

15 °C (Strombelastbarkeit für 25 °C × 1,10)

20 °C (Strombelastbarkeit für 25 °C × 1,06)

30 °C (Strombelastbarkeit für 25 °C × 0,94)

35 °C (Strombelastbarkeit für 25 °C × 0,89)

40 °C (Strombelastbarkeit für 25 °C × 0,82)

45 °C (Strombelastbarkeit für 25 °C × 0,75)

Die Summe der Nennströme aller Verbraucher, die gleichzeitig an einen Stromkreis betrieben werden, sollte unter dem Nennstrom der Überstromschutzeinrichtung liegen.

Die Länge und der Querschnitt der Leiter beeinflussen den Spannungsfall. Die Installationsleitung soll so dimensioniert werden, daß die Nennspannung des öffentlichen Verteilungsnetzes um nicht mehr als 10 % unterschritten wird. Ausgehend von der Nennspannung 230 V, darf also die Betriebsspannung am Gerät, auch beim belasteten Stromkreis, nicht unter 207 V liegen.

Die Verlegearten von fest verlegten Leitungen sind in der DIN VDE 0298 Teil 2 und 4 festgelegt. Für die Zuordnung von Leitungsschutzschaltern mit der Charakteristik B und C zu den Nennquerschnitten isolierter Leitungen ist die DIN VDE 0641 maßgebend. Die Zuordnung von Leitungsschutzsicherungen mit der Charakteristik gL/gG zu den Nennquerschnitten isolierter Leitungen geht aus der DIN VDE 0636 hervor.

Eine weitere wichtige Norm für den Schutz von Leitungen bei Überstrom ist die DIN VDE 0100 Teil 430. In den folgenden Bildern 3.51 bis 3.72 sehen Sie Tabellen mit den maximalen Leitungslängen für Installationsleitungen unter Berücksichtigung des Leiterquerschnittes und der Überstromschutzein-

3.6 Strombelastbarkeit und Spannungsfall von Leitungen

Bilder 3.51 bis 3.54.

Verlegeart A1

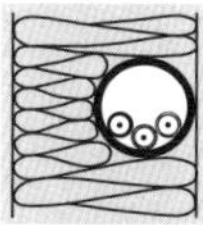

Aderleitungen im Elektroinstallationsrohr in einer wärmegedämmten Wand

mm^2 Cu	Wechselstrom	Drehstrom
1,5	16	13
2,5	20	16
4	25	25
6	35	32
10	40	40
16	63	50
25	80	63
35	100	80

Bemessungsstrom (in Ampere) von Leitungsschutzschaltern und Leitungsschutzsicherungen Typ B/C/gG unter Berücksichtigung der Leiterquerschnittsfläche

Verlegeart A2

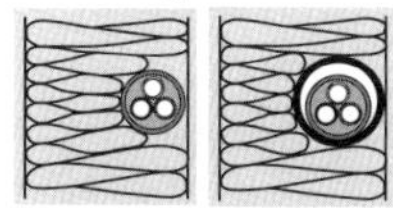

Mehradriges Kabel oder Mantelleitung im Elektroinstallationsrohr oder direkt in einer wärmegedämmten Wand.

mm^2 Cu	Wechselstrom	Drehstrom
1,5	16	13
2,5	16	16
4	25	20
6	32	25
10	40	40
16	50	50
25	80	63
35	80	80

Bemessungsstrom (in Ampere) von Leitungsschutzschaltern und Leitungsschutzsicherungen Typ B/C/gG unter Berücksichtigung der Leiterquerschnittsfläche

Verlegeart B1

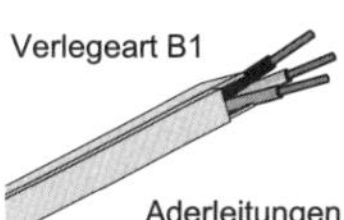

Aderleitungen oder einadrige Kabel oder Mantelleitungen im Elektro-Installationskanal

mm^2 Cu	Wechselstrom	Drehstrom
1,5	16	16
2,5	25	20
4	32	25
6	40	35
10	50	50
16	80	63
25	100	80
35	125	100

Bemessungsstrom (in Ampere) von Leitungsschutzschaltern und Leitungsschutzsicherungen Typ B/C/gG unter Berücksichtigung der Leiterquerschnittsfläche

Verlegeart B2

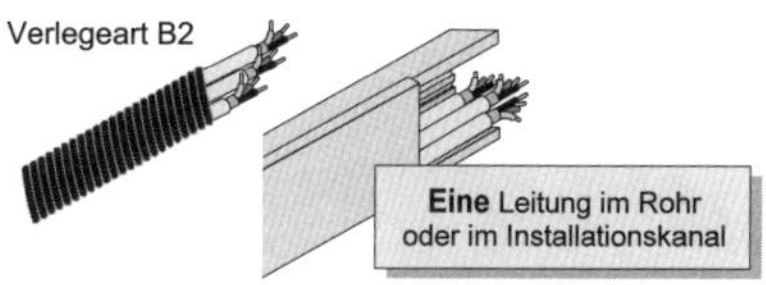

Mehradriges Kabel oder Mantelleitung im Elektro-Installationsrohr oder im Elektro-Installationskanal

mm^2 Cu	Wechselstrom	Drehstrom
1,5	16	16
2,5	20	20
4	32	25
6	40	35
10	50	50
16	63	63
25	80	80
35	100	100

Bemessungsstrom (in Ampere) von Leitungsschutzschaltern und Leitungsschutzsicherungen Typ B/C/gG unter Berücksichtigung der Leiterquerschnittsfläche

Bilder 3.55 bis 3.58.

Mehradriges Kabel oder Mantelleitung im Elektro-Installationsrohr oder im Elektro-Installationskanal

mm^2 Cu	Wechselstrom	Drehstrom
1,5	13	13
2,5	16	16
4	25	20
6	32	25
10	40	35
16	50	50
25	63	63
35	80	80

Bemessungsstrom (in Ampere) von Leitungsschutzschaltern und Leitungsschutzsicherungen Typ B/C/gG unter Berücksichtigung der Leiterquerschnittsfläche

Mehradriges Kabel oder Mantelleitung im Elektro-Installationsrohr oder im Elektro-Installationskanal

mm^2 Cu	Wechselstrom	Drehstrom
1,5	10	10
2,5	16	13
4	20	16
6	25	20
10	32	32
16	40	40
25	50	50
35	63	63

Bemessungsstrom (in Ampere) von Leitungsschutzschaltern und Leitungsschutzsicherungen Typ B/C/gG unter Berücksichtigung der Leiterquerschnittsfläche

Mehradriges Kabel oder Mantelleitung im Elektro-Installationsrohr oder im Elektro-Installationskanal

mm^2 Cu	Wechselstrom	Drehstrom
1,5	10	8
2,5	13	10
4	16	16
6	20	20
10	25	25
16	40	35
25	50	40
35	63	50

Bemessungsstrom (in Ampere) von Leitungsschutzschaltern und Leitungsschutzsicherungen Typ B/C/gG unter Berücksichtigung der Leiterquerschnittsfläche

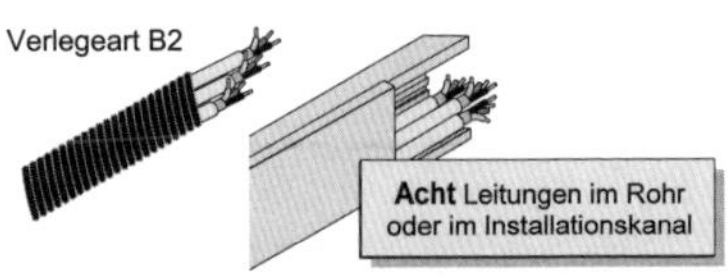

Mehradriges Kabel oder Mantelleitung im Elektro-Installationsrohr oder im Elektro-Installationskanal

mm^2 Cu	Wechselstrom	Drehstrom
1,5	8	8
2,5	13	10
4	16	13
6	20	16
10	25	25
16	35	32
25	50	40
35	50	50

Bemessungsstrom (in Ampere) von Leitungsschutzschaltern und Leitungsschutzsicherungen Typ B/C/gG unter Berücksichtigung der Leiterquerschnittsfläche

3.6 Strombelastbarkeit und Spannungsfall von Leitungen

Bilder 3.59 bis 3.61.

Verlegeart B2

Mehradriges Kabel oder Mantelleitung im Elektro-Installationsrohr oder im Elektro-Installationskanal

mm^2 Cu	Wechselstrom	Drehstrom
1,5	8	8
2,5	10	10
4	13	13
6	16	16
10	25	20
16	35	32
25	40	40
35	50	50

Bemessungsstrom (in Ampere) von Leitungsschutzschaltern und Leitungsschutzsicherungen Typ B/C/gG unter Berücksichtigung der Leiterquerschnittsfläche

Verlegeart C

Ein- oder Mehradriges Kabel oder Mantelleitung direkt im Mauerwerk oder Beton ohne und mit zusätzlichen Schutz

mm^2 Cu	Wechselstrom	Drehstrom
1,5	20	16
2,5	25	25
4	35	32
6	40	40
10	63	50
16	80	80
25	100	100
35	125	125

Bemessungsstrom (in Ampere) von Leitungsschutzschaltern und Leitungsschutzsicherungen Typ B/C/gG unter Berücksichtigung der Leiterquerschnittsfläche

Verlegeart E

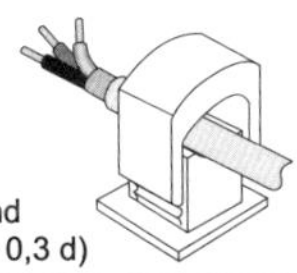

Ein- oder Mehradriges Kabel oder Mantelleitung mit Abstand von einer Wand (Abstand = > 0,3 d)

mm^2 Cu	Wechselstrom	Drehstrom
1,5	20	16
2,5	32	25
4	35	35
6	50	40
10	63	63
16	100	80
25	125	100
35	125	125

Bemessungsstrom (in Ampere) von Leitungsschutzschaltern und Leitungsschutzsicherungen Typ B/C/gG unter Berücksichtigung der Leiterquerschnittsfläche

Bild 3.62. Zum Ermitteln der maximal zulässigen Leitungslänge unter Berücksichtigung des Spannungsfalls und der Abschaltbedingungen sowie zum Ermitteln von Kabel- und Leiterquerschnitten sowie dem Nennstrom der Überstrom-Schutzeinrichtungen bietet die Firma HESEL mit dem Datenschieber Leitungsschutz und der Datendrehscheibe Personenschutz wertvolle Hilfsmittel für den Elektropraktiker, mit denen mehrere 1000 unterschiedliche Werte bestimmt werden können.

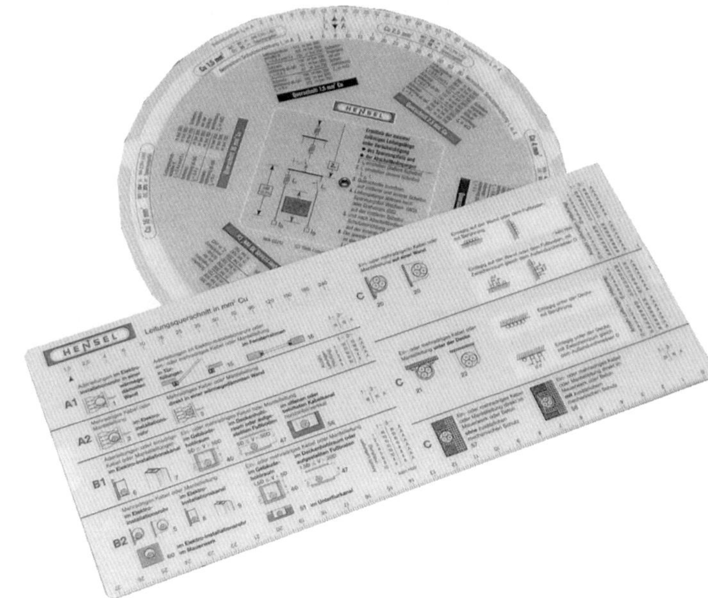

Maximal zulässiger Spannungsfall

Bild 3.63.

Formeln Spannungsfall

Wechselstrom

$$\Delta U = \frac{2 \cdot l \cdot I_B \cdot \cos\varphi}{\chi \cdot S}$$

Drehstrom

$$\Delta U = \frac{1{,}73 \cdot l \cdot I_B \cdot \cos\varphi}{\chi \cdot S}$$

Formeln Leitungslänge

Wechselstrom

$$l = \frac{\Delta U \cdot \chi \cdot S}{2 \cdot I_B \cdot \cos\varphi}$$

Drehstrom

$$l = \frac{\Delta U \cdot \chi \cdot S}{1{,}73 \cdot I_B \cdot \cos\varphi}$$

Formeln Leiterquerschnitt

Wechselstrom

$$S = \frac{2 \cdot l \cdot I_B \cdot \cos\varphi}{\chi \cdot \Delta U}$$

Drehstrom

$$S = \frac{1{,}73 \cdot l \cdot I_B \cdot \cos\varphi}{\chi \cdot \Delta U}$$

ΔU = Spannungsgfall
*)I_B = Betriebsstrom
S = Leiterquerschnitt
U = Nennspannung
l = Leitungslänge
χ = Leitfähigkeit (Cu/56)

max. zulässiger Spannungsfall 0,5 %

*) Für elektrische Anlagen bei denen die DIN 18015-1 zu berücksichtigen ist, gilt:
$I_B = I_n$
(I_n = Nennstrom der vorgeschalteten Überstromschutzeinrichtung)

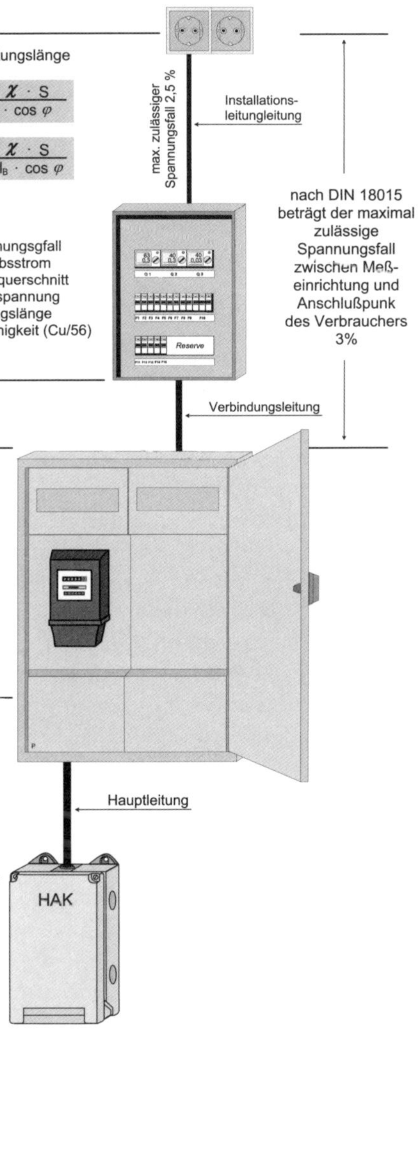

Leistungsbedarf	max. zulässiger Spannungsfall nach AVBEltV
bis 100 kVA	0,50 %
bis 250 kVA	1,00 %
bis 400 kVA	1,25 %
über 400 kVA	1,50 %

richtung bei einem Spannungsfall von 2,5 %. Darüber hinaus sind in diesen Tabellen Beispiele für die Zuordnung von Überstromschutzeinrichtungen zu den Nennquerschnitten isolierter Leitungen enthalten. Die Werte gelten für den Dauerbetrieb bei 25 °C Umgebungstemperatur z.B. für die Leitungstypen NYM, NYY, NYCY, H07V-U, H07V-R, H07V-K. Es wird in den Tabellen zwischen Wechselstromleitungen mit 2 belasteten Adern und Drehstromleitungen mit 3 belasteten Adern unterschieden.

Für die Verlegeart B2 ist auch eine Häufung von mehreren Leitungen berücksichtigt. Für Leiter mit einem Nennbelastungsfaktor kleiner 30 % und Leitungen mit sehr kurzen Einschaltzeiten muß die „Häufung" nicht berücksichtigt werden.

3.7 Die Installationszonen

Damit Leitungen, die unter Putz und im Putz verlegt sind, also unsichtbare Leitungen, nicht durch Nägel, Schrauben oder Haken beschädigt werden, muß man ihren Verlauf nachvollziehen können. Aus diesem Grund sollten Leitungen nur in bestimmten Bereichen der Wände verlegt werden. Ausgehend von dem Montagepunkt der Schalter, Steckdosen und Verteilerdosen, läßt sich dann die Lage der Leitungen bestimmen. Die waagerechten Leitungswege befinden sich im oberen Bereich von 15 cm bis 45 cm unterhalb der Decke und im unteren waagerechten Bereich von 15 cm bis 45 cm über dem Fertigfußboden. Als Mittelmaß gelten 30 cm unter der Decke und über dem Fußboden (Bild 3.64).

Die senkrecht geführten Leitungen sollen einen Abstand von etwa 15 cm zu Aussparungen von Fenstern oder Türen (Bild 3.65) und Zimmerecken sowie Rohbaukanten aufweisen. Die senkrechten Installationszonen sind 20 cm breit und durchgehend von der Fußbodenoberkante bis zur Deckenunterkante. An Fenstern und zweiflügeligen Türen befinden sich links und rechts davon die Installationszonen. Bei einflügeligen Türen wird nur der Bereich an der Türgriffseite genutzt. Installationsleitungen, die außerhalb einer Installationszone zu Wandauslässen, z.B. für Wandleuchten, führen, sind auf kürzestem Weg senkrecht zur nächsten waagerechten Installationszone zu verlegen.

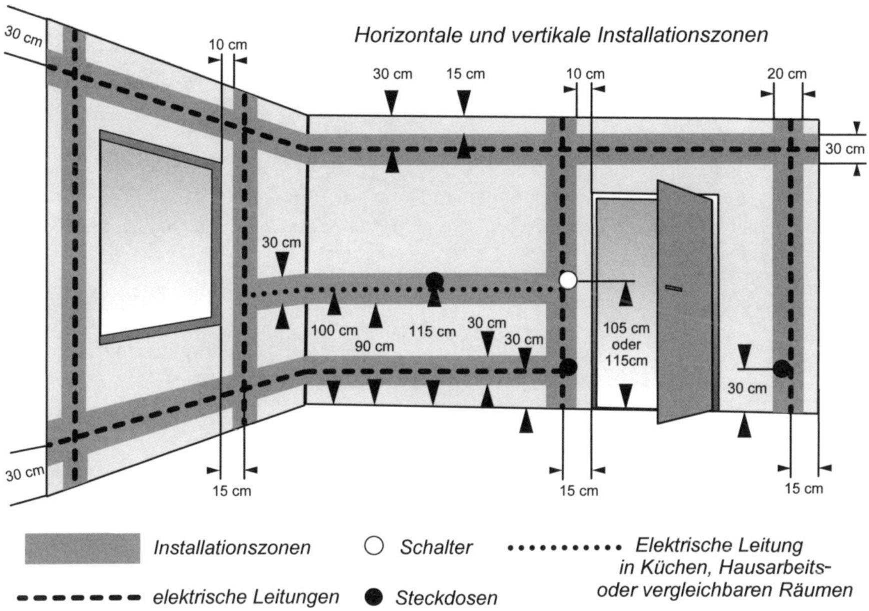

Bild 3.64.

Bild 3.65.

Wenn es die baulichen Gegebenheiten erfordern, kann geringfügig von den bereits genannten Bereichen abgewichen werden. Zum Beispiel bei einem Stahlträger, der sich über der Tür befindet, muß die Leitung daran vorbeigeführt werden (Bild 3.66). Anhand von Fotoaufnahmen, die nach der Rohinstallation von den Wänden, Dekken und Fußböden erstellt werden, läßt sich nach Jahren noch exakt feststellen, wo die Leitungen verlaufen (Bild 3.67).

Bei Dachschrägen verlaufen die Installationszonen an den Wänden parallel zur Deckenschräge (Bild 3.68), oder die Leitung wird, z.B. von der Steckdose ausgehend, senkrecht nach oben geführt und in der Wärmedämmung der Deckenschräge verlegt (Bild 3.70).

Grundsätzlich gilt, daß Leitungen an Wänden nur senkrecht oder waagerecht verlegt werden dürfen. Auf Decken oder Fußböden können Sie Leitungen auch auf dem kürzestem Weg ver-

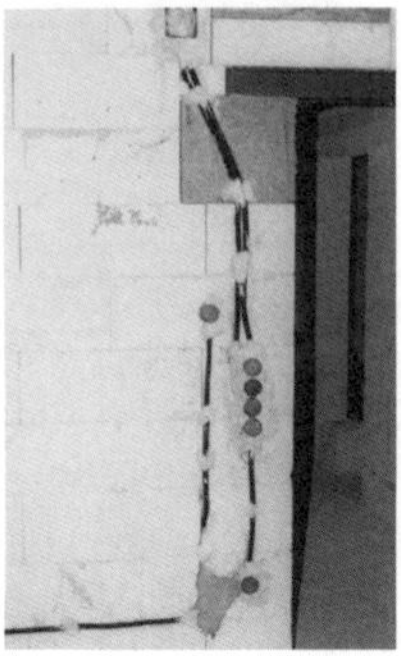

Bild 3.66.

Bild 3.67.

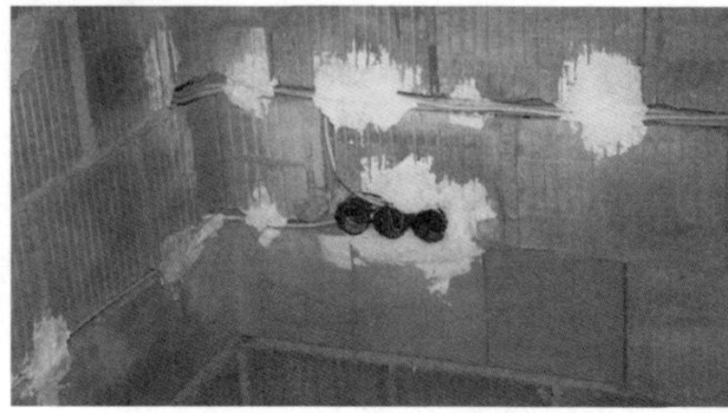

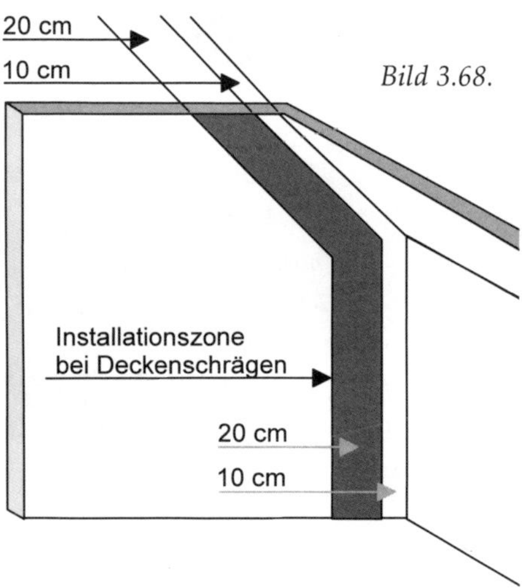

Bild 3.68.

legen. Es sollte aber auch hier eine geradlinige und rechtwinkelige Leitungsverlegung bevorzugt werden. Der Leitungsweg für eine Deckenleuchte sollte auf der Decke nicht in dem Bereich über einem Fenster liegen, denn durch das Befestigen der Gardinenleiste könnte die Leitung beschädigt werden.

Für Küchen gibt es einen zusätzlichen waagerechten, 30 cm breiten Installationsbereich, der 90 cm bis 120 cm über dem Fertigfußboden liegt. Dieser Bereich ist vorgesehen für die Leitungsverlegung und Montage von Steckdosen über der Arbeitsplatte.

Schalter sollten vorzugsweise in Türgriffhöhe auf der Schloßseite der Tür montiert werden. Das empfohlene Maß ist 105 cm über dem Fertigfußboden. Bei einer Kombination von mehreren Schaltern ist die Mitte der Schalterkombination maßgebend. Steckdosen werden in einer Höhe von 30 cm über dem Fertigfußboden montiert. Bei einer Mehrfachkombination von Steckdosen sollte eine waagerechte Montage eingehalten werden. Eine Ausnahme bezüglich der Montagehöhe von Steckdosen bilden die Herdanschlußdose in der Küche, mit einer Höhe von 50 cm, und die Steckdose für ein Kochendwassergerät mit einer Höhe von 140 cm. Die Steckdosen für Kühlgefrierkombinationen, Dunstabzugshauben und Lichtleisten unterhalb der Hängeschränke sind in einer Höhe von 215 cm über dem Fertigfußboden zu montieren.

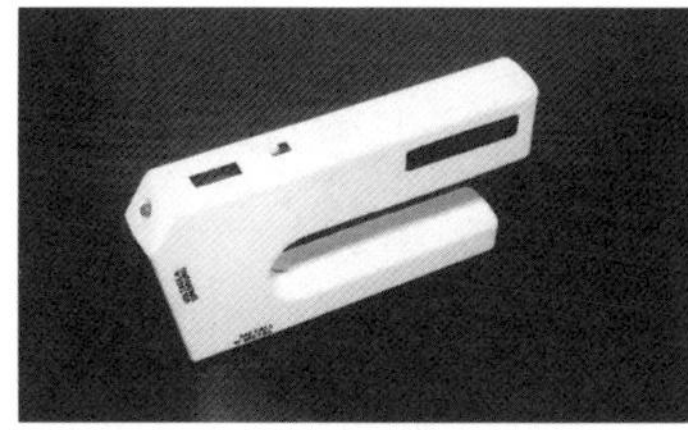

Bild 3.69.

Kann nach dem Verputz die Lage von unter Putz verlegten Leitungen nicht bestimmt werden, hilft ein Leitungssuchgerät (Bild 3.69). Selbst sehr preisgünstige Leitungssuchgeräte unterscheiden durch verschiedene optische oder akustische Signale zwischen Metall und spannungsführenden Leitungen, die nicht sichtbar in der Wand verlegt sind.

3.8 Installationsformen

Im Wohnungsbau kann die Elektroinstallation in drei verschiedenen Formen ausgeführt werden:

1. Elektroinstallation mit Verbindungsdosen (Abzweigdosen).
2. Elektroinstallation mit Geräteverbindungsdosen (Schalterabzweigdosen).
3. Elektroinstallation mit zentral angeordneten Klemmkästen (Rangierverteiler).

Bild 3.70.

Die Elektroinstallation mit Verbindungsdosen (Bilder 3.71 und 3.72) ist eine weit verbreitete und klassische Art der Elektroinstallation. Diese Installationsform kann bei der Installation mit Mantelleitungen, Stegleitungen und Installationsrohr angewendet werden. Zu bevorzugen ist diese alte Installationsform vor allem bei der Installation mit Elektrorohr. Zugdosen sind bei größeren Elektrorohrlängen fast immer erforderlich. Eine Zugdose ist eine Verbindungsdose, die bei längeren Elektrorohren in gleichmäßigen Abständen im Rohrleitungsweg eingesetzt wird, um das Einziehen der Aderleitungen oder Mantelleitungen in das Rohr zu ermöglichen bzw. zu erleichtern. In einer Zugdose werden die Leitungen nur unge-

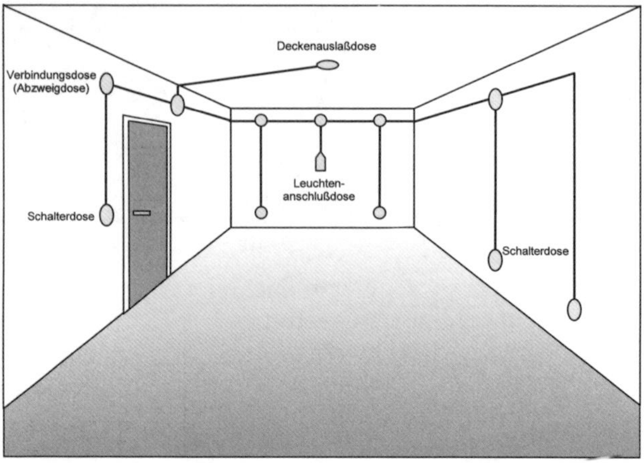

Installation mit Abzweigdosen

Bild 3.71.

schnitten durchgeführt, ohne daß eine Klemmstelle eingesetzt wird. Aderleitungen sollten mit einer Schleife in die Zugdose gelegt werden, damit für eventuelle Nachinstallationen ein Anschluß an der durchgeschleiften Leitung möglich ist.

Bild 3.72.

Die Verbindungsdosen setzt man etwa 30 cm unter der Decke an den Abzweigpunkten zu senkrecht verlaufenden Leitungen, die nach unten zu Schaltern, Steckdosen und Wandauslässen führen. Auch die senkrecht nach oben verlaufenden Leitungen zu Deckenlampen und die waagerecht verlegten Rohre werden in die Verbindungsdose eingeführt. Mit Dosenklemmen stellt man in den Abzweigdosen die Verbindungen von Zuleitung, Schaltern, Steckdosen und Lampen her. In der Praxis werden meist schraubenlose Steckklemmen (Bild 3.73) verwendet, die einfacher zu handhaben sind und eine schnellere Verdrahtung ermöglichen. Bei den Steckklemmen ist auf die erforderliche Anzahl der Aderanschlüsse je Klemme zu achten. Diese Klemmen sind von 3 bis zu 8 Klemmstellen erhältlich. Darüber hinaus ist der Aderquerschnitt zu beachten. Der Aderquerschnitt 1,5 und 2,5 erfordert unterschiedliche Steckklemmentypen. Bei den Schraubdosenklemmen

Dosenklemme
(schraubenlose Steckklemme)

Bild 3.73.

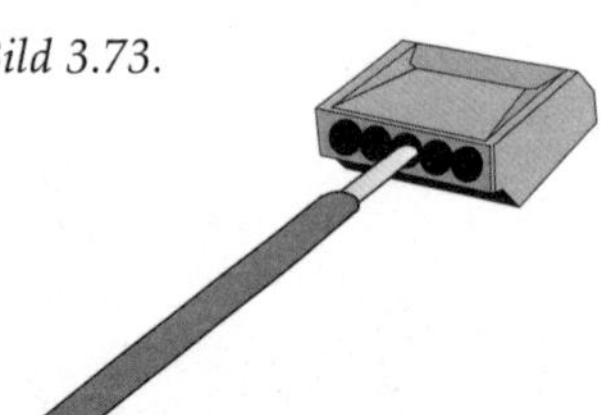

kann sowohl der Aderquerschnitt 1,5 als auch 2,5 geklemmt werden. Ein Problem bei den Verbindungsdosen ist, daß z.B. bei einer Fehlersuche die Tapete bzw. die Wandverkleidung geöffnet werden muß und eventuell dabei beschädigt wird.

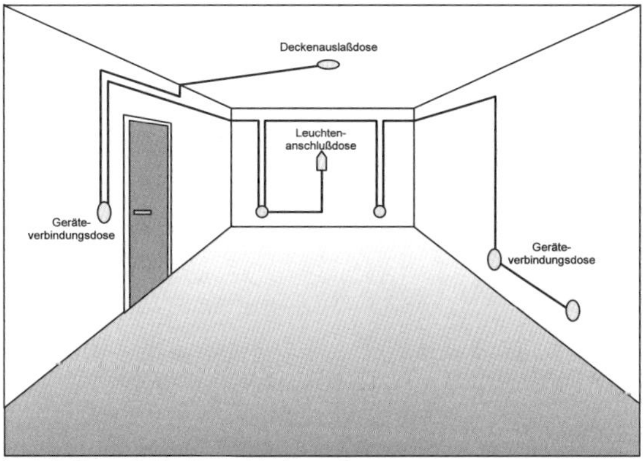

Installation mit Geräteverbindungsdosen

Bild 3.74.

Die Installation mit Geräteverbindungsdosen zeigen die Bilder 3.74 und 3.75. Diese Art der Installation gewinnt immer mehr an Bedeutung, allerdings wird hier mehr Leitungsmaterial benötigt. Wegen der Zeitersparnis, die mit der Geräteverbindungsdosen-Installation einhergeht, ist sie in Ländern mit hohen Lohnkosten preisgünstiger. Im Gegensatz zu Verbindungsdosen wird hier die Verdrahtung in den Gerätedosen, die einen zusätzlichen Klemmraum besitzen, durchgeführt. Der zusätzliche Klemmraum befindet sich an den Seiten der Dose. Es gibt auch Geräteverbindungsdosen, die tiefer sind und dadurch ein Verklemmen in der Dose hinter dem Schaltereinsatz zulassen. Geräteverbindungsdosen sind auch für die Hohlrauminstallation erhältlich (Bild 3.76 und 3.77). Ebenso wie bei der Verbindungsdosen-Installation können auch hier für die Verdrahtung Steckklemmen oder die konventionellen Schraubdosenklemmen, die es in verschiedenen Größen gibt, verwendet werden (Bild 3.78). Schraubdosenklemmen sind als Stangen mit je 12 Klemmen im Handel zu bekommen. Die Standardgröße dieser Klemmen ist geeignet für die Verklemmung von z.B. 6 Adern mit 1,5 mm oder 4 Adern mit 2,5 mm Querschnitt (Bild 3.79).

Bild 3.75.

Bild 3.76.

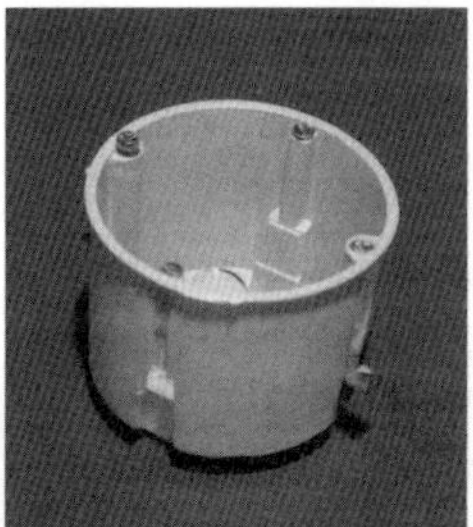

Bild 3.78.

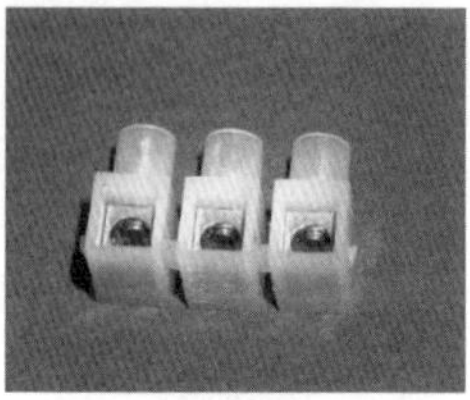

Bild 3.79.

Bild 3.77.

Die Installation mit zentralem Verteilerkasten zeigt Bild 3.80. Bei dieser Installation wird von einem Klemmkasten, der in fast allen Räumen an einem zentralen Punkt angeordnet ist, eine eigene Leitung zu jedem Schalter, jeder Steckdose sowie Wand- und Deckenauslaß verlegt. Wie bei der Installation mit Verbindungsdosen werden hier für den Einbau von Schaltern und Steckdosen normale Schalterdosen ohne Klemmraum ein-

Bild 3.80.

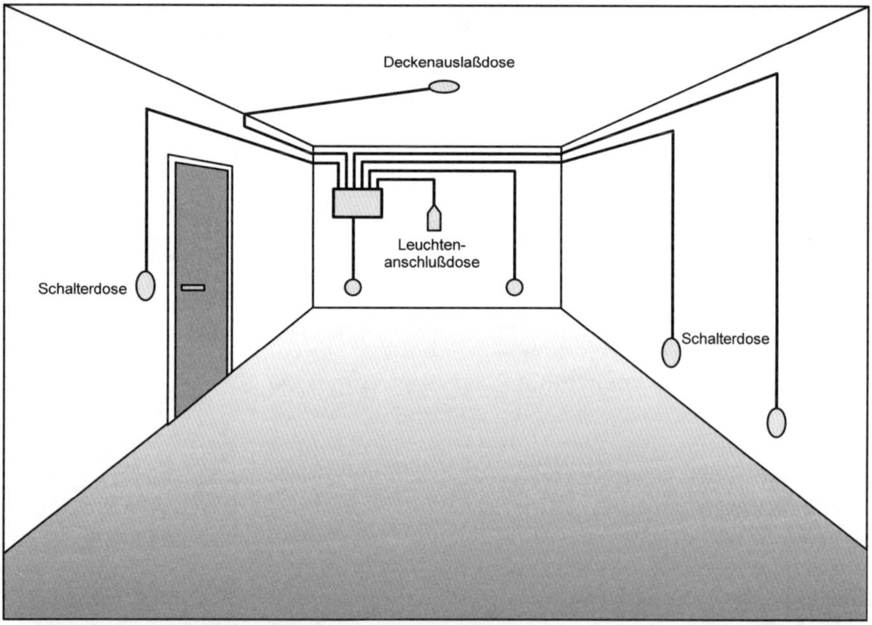

Installation mit zentralem Klemmkasten

gesetzt (Bild 3.81). Änderungen an der Verdrahtung können somit jederzeit problemlos durchgeführt werden. Für den privaten Wohnungsbau ist diese Installationsform unwirtschaftlich und nur wenig geeignet.

Bild 3.81.

3.9 Installationsschaltungen

Bei Installationsschaltungen unterscheidet man die Ausschaltung, Serienschaltung, Wechselschaltung, Kreuzschaltung und Schaltungen mit Tastern, die den Einsatz eines Stromstoßrelais (Bild 3.82) oder Zeitrelais (Bild 3.83) in der Stromkreisverteilung oder in einer Abzweigdose erfordern. Schalter rasten in die geschaltete Stellung ein. Taster kehren nach der Betätigung durch Federdruck in die Ausgangsstellung zurück. Die Montage der Ausschalter sollte so erfolgen, daß sie zum Einschalten nach unten gedrückt werden müssen. Wechselschalter oder Kreuzschalter haben im eingeschalteten Zustand die Schalterstellung oben oder unten. Die Regel für die Ausschalter kann für Wechsel- und Kreuzschalter nicht berücksichtigt werden. Eine einheitliche Schalterstellung für alle Schalter ermöglichen sogenannte Tastschalter, die als Ausschalter, Serienschalter, Wechselschalter, Kreuzschalter und als Serienwechselschalter erhältlich sind. Eine spezielle Mechanik bei diesen Schaltern bewirkt, daß die Schalterwippe nach dem Einschalt- oder Ausschaltvorgang wieder in ihre Ausgangsposition zurückkehrt.

Bild 3.82.

Bild 3.83.

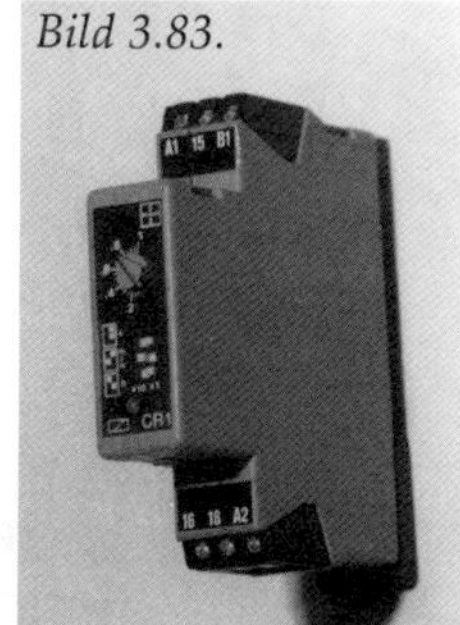

Ein Dimmer besteht aus einer elektronischen Schaltung (Phasenanschnittsteuerung) und dient dazu, die Helligkeit einer Lampe stufenlos einzustellen. Sie können einen Dimmer anstelle eines Aus- oder Wechselschalters montieren. In der Regel besitzt ein Dimmer einen Drehknopf (Bild 3.84), mit dem durch Links- oder Rechtsdrehung die Helligkeit verändert wird. Durch Drücken des Drehknopfes kann man den Dimmer ein- oder ausschalten. Bei Dimmern ist die minimale und die maximale Leistung zu beachten. Übliche Dimmer sind für

Bild 3.84.

den Leistungsbereich von 60 bis 400 W oder 60 bis 600 W ausgelegt. Liegt die Leistung der an einem Dimmer angeschlossenen Glühlampen unter 60 W, dann kann es sein, daß das Glühlampenlicht flackert. Liegt die Leistung der Glühlampen über den für den Dimmer angegebenen Maximalwert, löst nach einer bestimmten Zeit die in den Dimmer integrierte Feinsicherung aus (Bild 3.85). Vor dem Auswechseln der Feinsicherung muß der Stromkreis, an den der Dimmer angeschlossen ist, freigeschaltet werden. Die Sicherung kann nach dem Entfernen der Abdeckplatte ohne Ausbau des Dimmers gewechselt werden. Zu beachten ist, daß die defekte Sicherung nur gegen eine Sicherung mit gleichem Nennstrom und gleicher Auslösecharakteristik ausgetauscht wird, da sonst im Fehlerfall der Dimmer zerstört werden kann. Es gibt 5 verschiedene Auslösecharakteristiken für Feinsicherungen, deren Kennung auf einer der beiden Metallkapseln der Sicherung steht: FF = superflink, F = flink, M = mittelträge, T = träge, TT = superträge. Der Aufdruck kann zum Beispiel wie folgt aussehen: F 2A/250 V. Es handelt sich dann um eine Sicherung mit flinker Auslösecharakteristik und dem Nennstrom von 2 A. Der Nennstrom der Sicherung sollte der maximalen Leistung des Dimmers entsprechen oder nur geringfügig darüber liegen. Der Sicherungsnennstrom 2 A ist z.B. geeignet für die Dimmerleistung 400 W (230 V × 2 A ergibt 460 W). Als Auslösecharakteristik für Dimmer eignet sich nur F oder FF.

Bild 3.85.

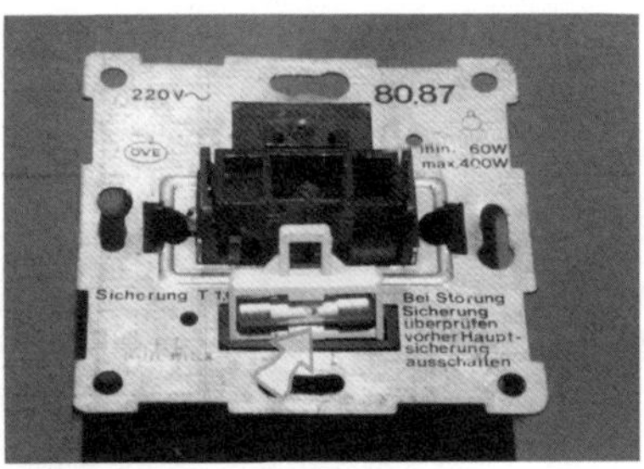

Die Ausschaltung wird angewendet, wenn eine oder mehrere Lampen bzw. Geräte von nur einer Stelle aus geschaltet werden sollen. Mit dem Ausschalter wird beim Schaltvorgang der Stromkreis geöffnet oder geschlossen. Grundsätzlich gilt, daß nur der Außenleiter geschaltet werden darf. Der Neutralleiter wird immer direkt zur Lampe oder dem Gerät geführt. Ein Schalter besteht bei Unter-Putz-Geräten aus dem Schaltereinsatz, dem Abdeckrahmen und der Schalterwippe (Bild 3.86). Fast alle Schalter besitzen heute Doppel-Steckklemmen anstelle der früher üblichen Schraubklemmen. Somit brauchen Sie für den Anschluß nur eine Abisolierzange. Die erforderlichen Abisolierlängen sind je nach Schalterfabrikat unterschiedlich. In der Regel befindet sich auf dem Schalter ein Aufdruck mit dem Maß für die Abisolierlänge. Nach dem Abisolieren wird die Ader mit leichtem Druck in die Steckklemme geschoben (Bild 3.87). Ausschalter sind aus Gründen der Rationalität von einigen Herstellern nicht mehr erhältlich. Sie können aber ohne weiteres einen Wechselschalter als Ausschalter verwenden. Schaltereinsätze besitzen für den Anschluß Pfeilmarkierungen (Bild 3.88). An der Steckklemme, zu der ein Pfeil hinzeigt, wird der dauernd spannungsführende Leiter (Außenleiter) angeschlossen. Die frühere Bezeichnung für diesen Anschluß war P (Pol). An den anderen Steckklemmen, von denen der Pfeil wegzeigt, wird der Lampenleiter (geschaltete Außenleiter), der früher mit Schaltdraht bezeichnet wurde, angeschlossen.

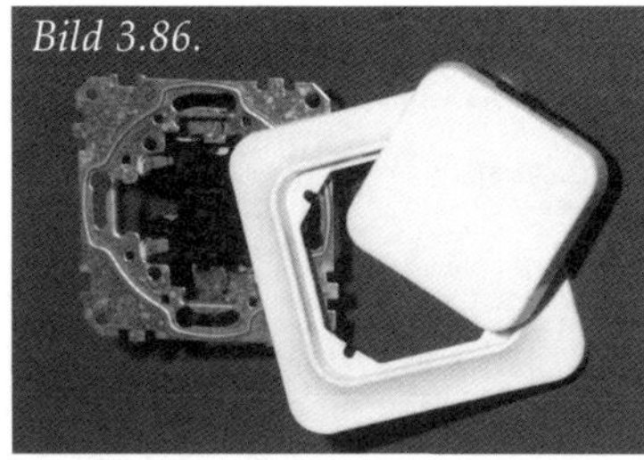

Bild 3.86.

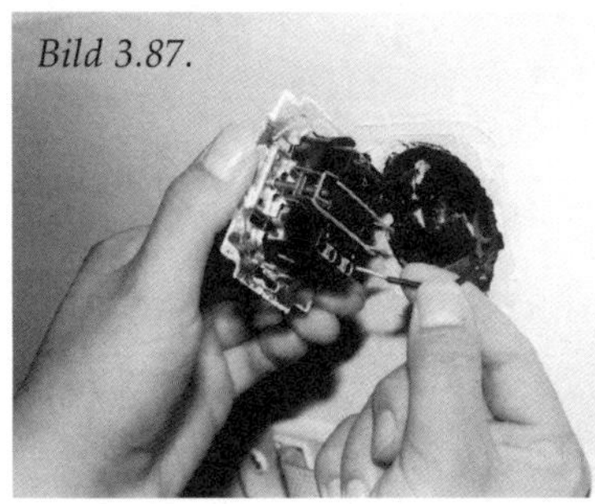

Bild 3.87.

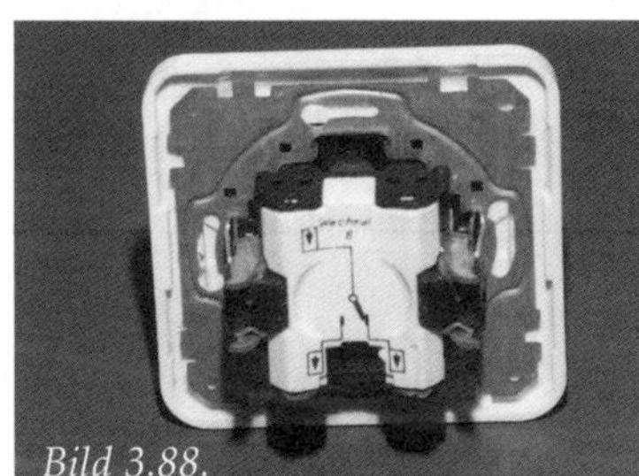

Bild 3.88.

Das Schaltvermögen handelsüblicher Schalter beträgt in der Regel 10 A, und die Wechselspannung beträgt 230 V. Die 10 A gelten nur für Wechselspannung. Bei Gleichspannung wären das Schaltvermögen und die maximal zulässige Spannung wesentlich geringer.

Die Serienschaltung bietet die Möglichkeit, zwei Lampen oder Geräte unabhängig voneinander und auch gleichzeitig zu schalten. Er besteht aus zwei Ausschaltern, die in einen Schaltereinsatz integriert sind. Die Anschlüsse für den dauernd stromführenden Außenleiter sind beim Serienschalter zu einer Klemme zusammengefaßt, somit haben Serienschalter nur drei Anschlußklemmen. Der Vorteil eines Serienschalters besteht darin, daß er zwei Ausschalter ersetzt und nur den Platz eines Ausschalters benötigt. Ein weiterer Vorteil ist, daß man die beiden Schalterwippen des Serienschalters gleichzeitig betätigen kann.

Die Wechselschaltung ist erforderlich, wenn eine Lampe wahlweise von zwei Stellen geschaltet werden soll. Räume mit mehreren Türen sollten an jeder Tür eine Schaltmöglichkeit aufweisen. Eine weitere Anwendung für die Wechselschaltung ist im Schlafzimmer. Es sollte im Schlafraum die Möglichkeit bestehen, daß man die Deckenleuchte im Bett und an der Tür schalten kann. Der Wechselschalter ist ein Umschalter, der beim Schaltvorgang den dauernd stromführenden Leiter von der einen geschalteten Ader zu der anderen geschalteten Ader umschaltet. Der Doppelwechselschalter ist ein Serienschalter, in dessen Schaltereinsatz zwei getrennte Wechselschalter integriert sind.

Die sogenannte „amerikanische" Wechselschaltung ist auch noch unter vielen anderen Namen, beispielsweise „Hamburger Schaltung", bekannt. Sie wurde vor einigen Jahrzehnten angewendet, in Zeiten, in denen es sehr schwierig war, genügend Leitungsmaterial zu bekommen. Diese Art der Wechselschaltung ist nicht zulässig, da im ausgeschalteten Zustand der Außenleiter an beiden Kontakten der Glühlampe anliegen kann.

Die Kreuzschaltung kommt zur Anwendung, wenn mehr als zwei Schalter für das Schalten einer Lampe oder einer Lampengruppe erforderlich sind. Grundsätzlich besteht die Kreuzschaltung aus mindestens zwei Wechselschaltern und einem Kreuzschalter. Der Kreuzschalter besitzt vier Anschlüsse. Zwei Anschlüsse sind mit je einem, auf den Anschluß zeigenden Pfeil gekennzeichnet. Die anderen beiden Anschlüsse sind mit vom Anschluß wegzeigenden Pfeilen markiert. Die ankommenden Schaltdrähte (Korrespondenten) werden an den beiden Anschlüssen, auf die der Pfeil zeigt, angeschlossen, und die abgehenden Schaltdrähte werden an die anderen Klemmen gesteckt. Die Schaltung funktioniert auch, wenn die ankommenden und abgehenden Schaltdrähte an den Kreuzschalter-Anschlüssen vertauscht werden. Es können in eine Kreuzschaltung beliebig viele Kreuzschalter eingebaut werden. Der Name Kreuzschalter beruht auf der Schaltstellung der Kontakte, die entweder direkt oder über Kreuz durchschalten. Eine Kreuzschaltung mit mehreren Kreuzschaltern ist wegen des Leitungsmaterialaufwands nicht so wirtschaftlich wie die Tasterschaltung.

Die Tasterschaltung findet vor allem dann Anwendung, wenn viele Schaltstellen für das Schalten von Lampen benötigt werden. Ein Taster schließt den Stromkreis nur für die Zeit, in der er gedrückt bzw. betätigt wird. Die Lampen werden bei der Tasterschaltung nicht direkt vom Taster geschaltet, sondern von einem Stromstoßschalter bzw. Zeitschalter. Diese Schalter kann man auch Fernschalter nennen. Der Stromstoßschalter bekommt vom Taster einen kurzzeitigen Impuls (Stromstoß), der bewirkt, daß der Kontakt für den Lampenstromkreis geöffnet oder geschlossen wird. Eine spezielle Mechanik im Stromstoßschalter, die von einem Elektromagneten betätigt wird, sorgt dafür, daß bei einem Stromstoß der Kontakt für den Lampenstromkreis schließt und beim nächsten Stromstoß wieder öffnet.

Einer der Vorteile der Tasterschaltung liegt darin, daß auch ein Stromstoßschalter, dessen Relaisspule mit Kleinspannung 8 V, 12 V oder 24 V betrieben wird, verwendet werden kann. Dadurch kann man als Tasterleitung eine preisgünstige PVC-Klingelleitung YR oder eine Stegleitung I-FY verwenden. Besonders für Treppenhäuser bietet sich an, anstelle eines Stromstoßschalters einen Zeitschalter (Treppenhausautomaten) einzusetzen. Früher wurden als Zeitschalter Quecksilberschalter benutzt, heute bestehen Zeitschalter meist aus einem elektronischen Relais. Nach dem Tastimpuls schließt der Zeitschalter den Lampenstromkreis. Die in den Zeitschalter integrierte Elektronik sorgt dafür, daß nach einer bestimmten Zeit der Lampenstromkreis automatisch wieder geöffnet wird. Die Einschaltzeit kann bei Treppenhausschaltern stufenlos eingestellt werden. Der Einstellbereich reicht von einigen Sekunden bis zu einigen Minuten. Fernschalter gibt es für den Einbau in die Stromkreisverteilung, aufschnappbar auf die 35-mm-Hutprofilschiene, mit dem Platzbedarf von einer Teilungseinheit und für den Einbau in Verbindungsdosen oder -kästen und Verbindungsgerätedosen.

Die meisten Taster und Schalter sind auch mit Orientierungslampen oder Kontrollampen erhältlich (Bild 3.89). Die Orientierungslampe beleuchtet den Schalter und leuchtet immer oder nur, wenn die Beleuchtung ausgeschaltet ist; außerdem ist der Schalter so im Dunkeln gut zu finden. Kontrollampen an Schaltern werden immer dann gebraucht, wenn der Schalter

Bild 3.89.

außerhalb des Raumes montiert ist, in dem er die Lampe schaltet.

Eine komfortable Lösung bieten Automatikschalter, die beim Betreten eines Raumes selbsttätig das Licht einschalten und nach dem Verlassen des Raumes auch selbsttätig wieder ausschalten. Darüber hinaus haben diese Automatikschalter einen integrierten Dämmerungsschalter, der das Licht bei Betreten des Raumes nur dann schaltet, wenn es im Raum zu dunkel ist. Automatikschalter sind zudem noch mit eingebautem Zeitschalter erhältlich und können meist in Standardgerätedosen eingebaut oder gegen bereits vorhandene Schalter ausgetauscht werden.

Die nachfolgenden Bilder 3.90 bis 3.117 zeigen Schaltzeichen, Schaltungsbeispiele und Varianten für die wichtigsten Installationsschaltungen in räumlicher Darstellung sowie als Installationsplan und als Stromlaufplan in aufgelöster und zusammenhängender Darstellung.

3.10 Elektroinstallation in Wohn- und Schlafräumen

Eine gute Planung der Elektroinstallation setzt einen abgeschlossenen Entwurf für alle anderen haustechnischen Anlagen voraus. Grundsätzlich sollte die Elektroinstallation vernünftig und zukunftssicher ausgeführt sein, so daß sich alle Geräte und auch weitere zukünftige Geräte bei einer Nutzungsänderung von Räumen oder Änderung der Möblierung problemlos betreiben lassen und eine Nachinstallation ohne großen Aufwand mit geringer Schmutzbelastung möglich ist. Der Wert einer Elektroinstallation wird vor allem an der Anzahl der installierten Steckdosen, Lampenauslässe und Stromkreise gemessen. Ebenso wichtig sind auch Reserveadern in Installationsleitungen und Leerrohre, mit denen der Aufwand für Nachinstallationen reduziert werden kann.

Schaltzeichen für die Elektroinstallation

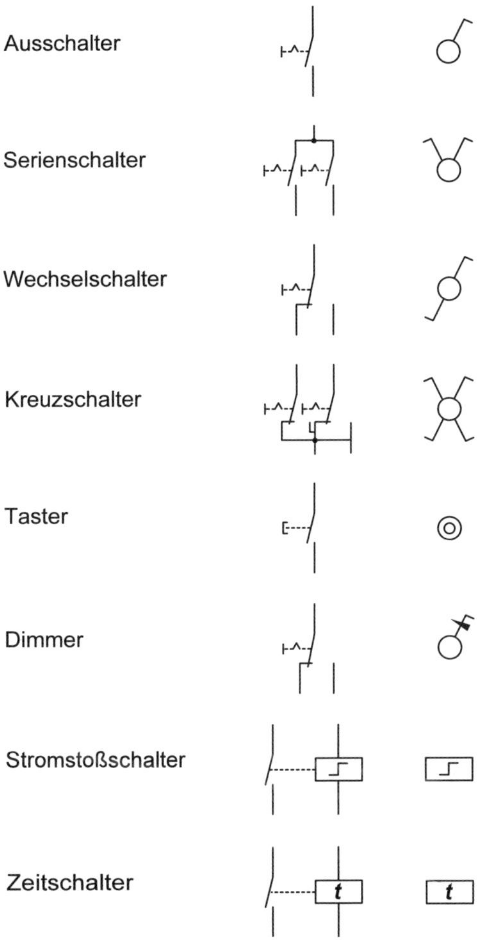

Bild 3.90.

3. Elektroinstallation vom Stromkreisverteiler bis zum Verbraucher

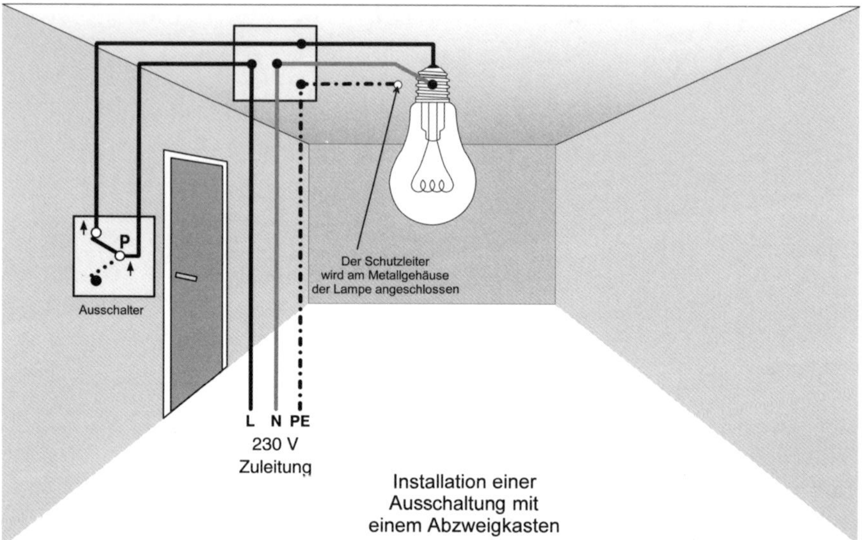

Bild 3.91.

Bild 3.92.

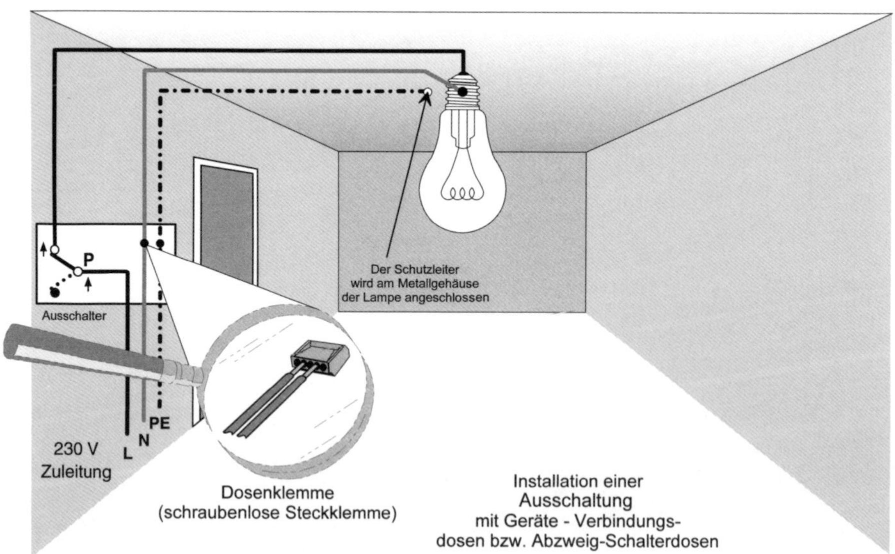

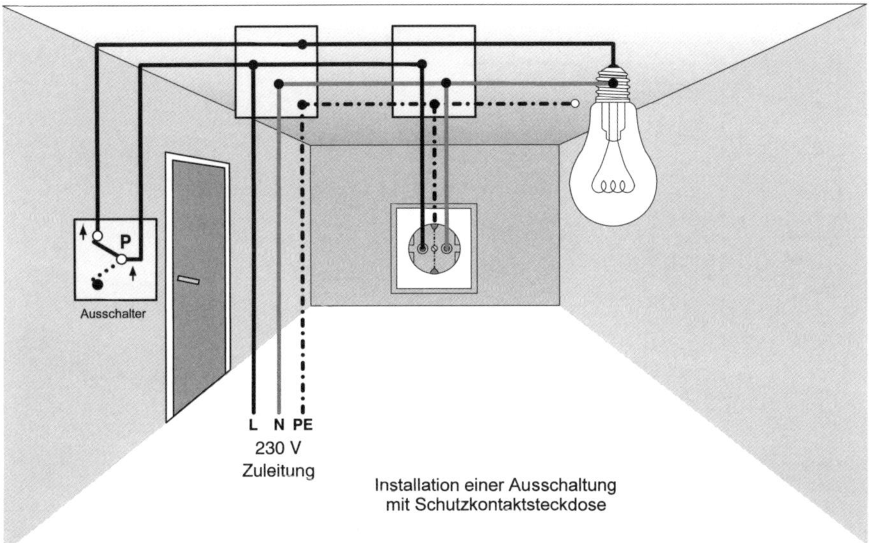

Bild 3.93.

Bild 3.94.

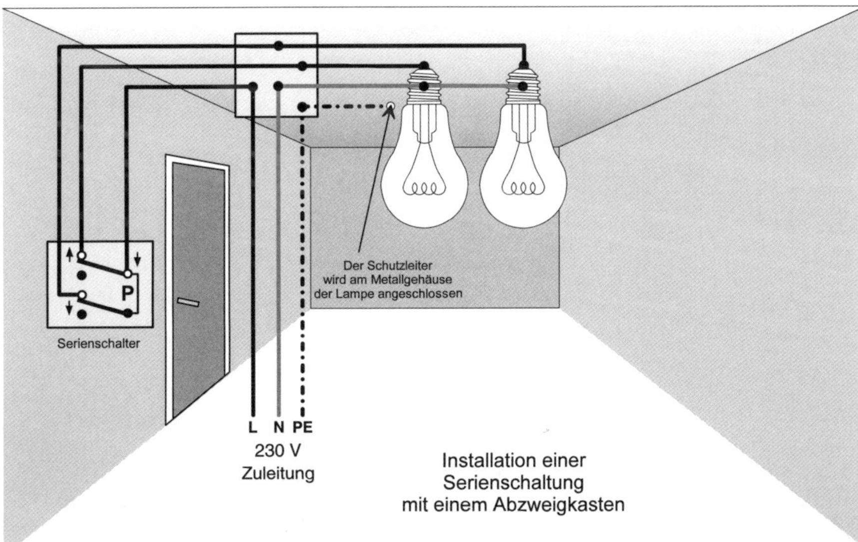

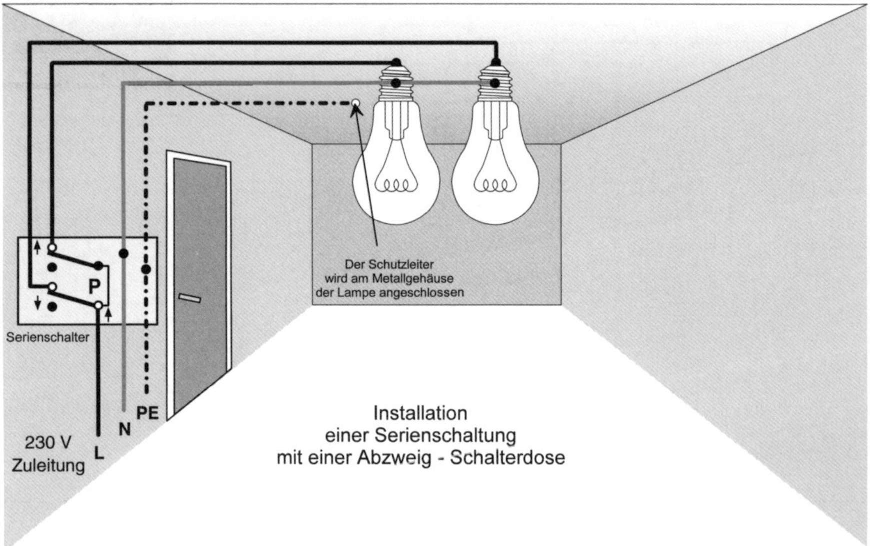

Bild 3.95.

Bild 3.96.

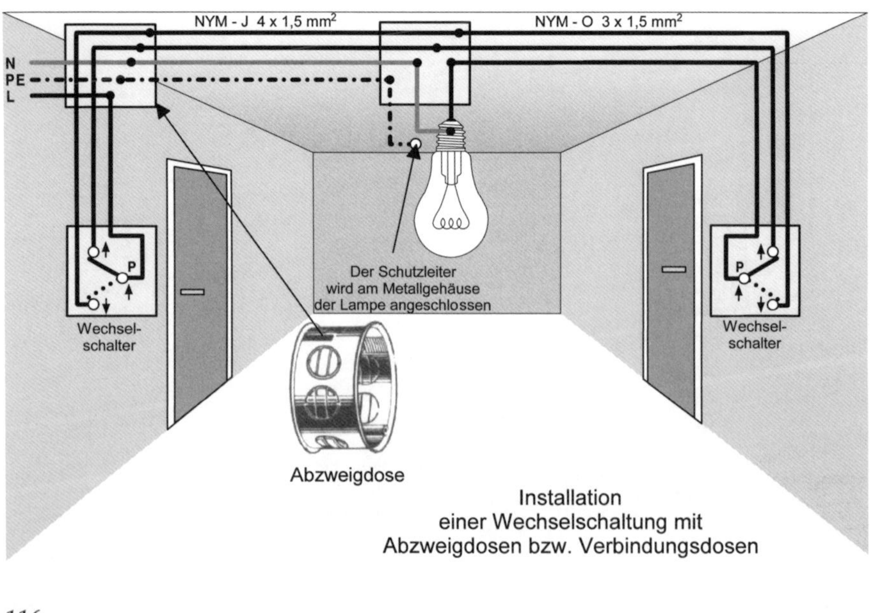

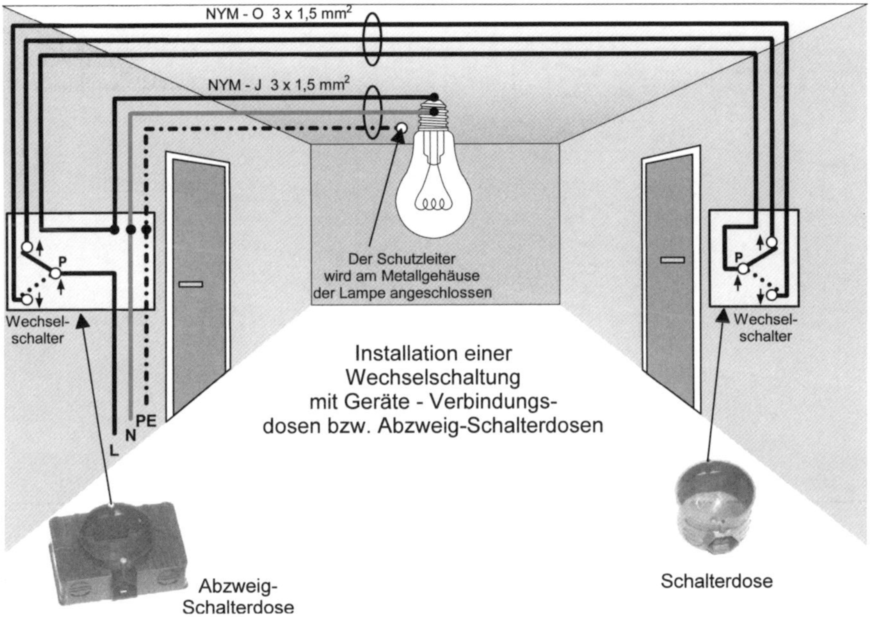

Bild 3.97.

Bild 3.98.

3. Elektroinstallation vom Stromkreisverteiler bis zum Verbraucher

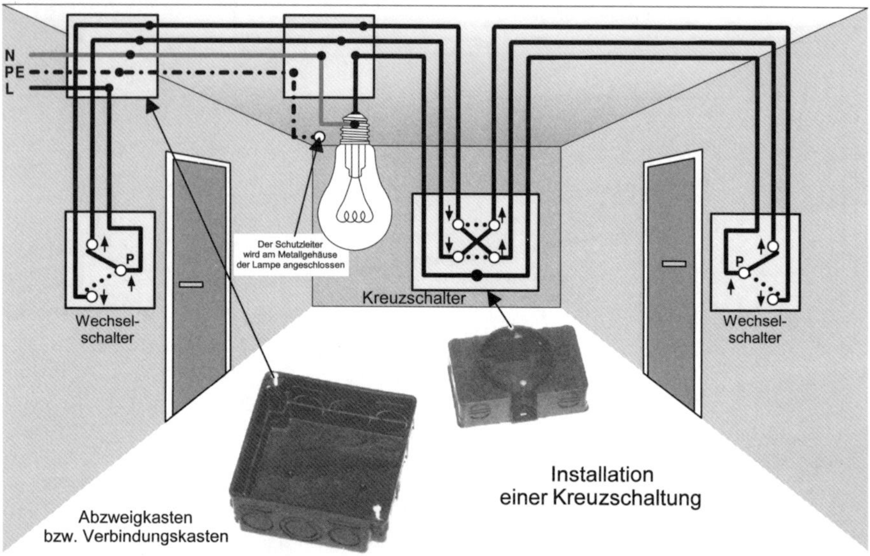

Bild 3.99.

Bild 3.100.

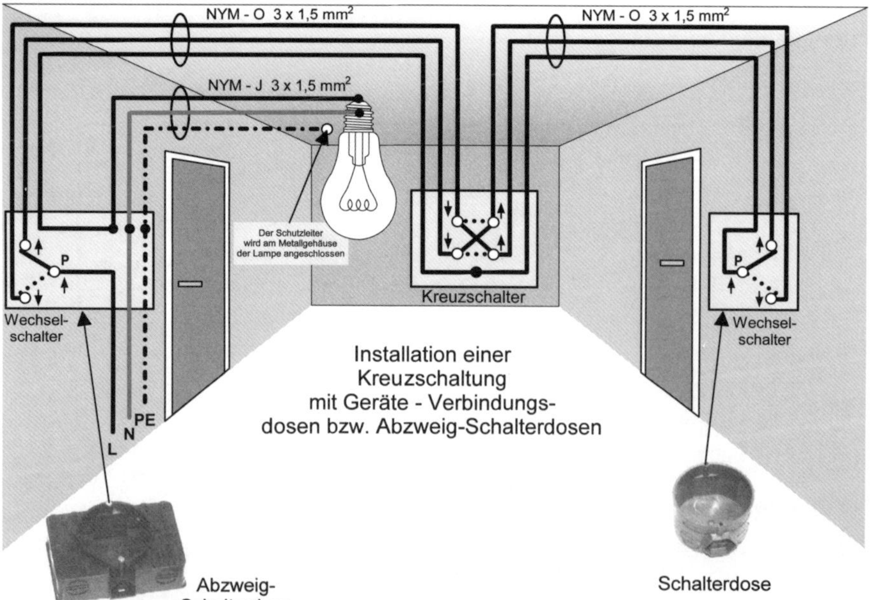

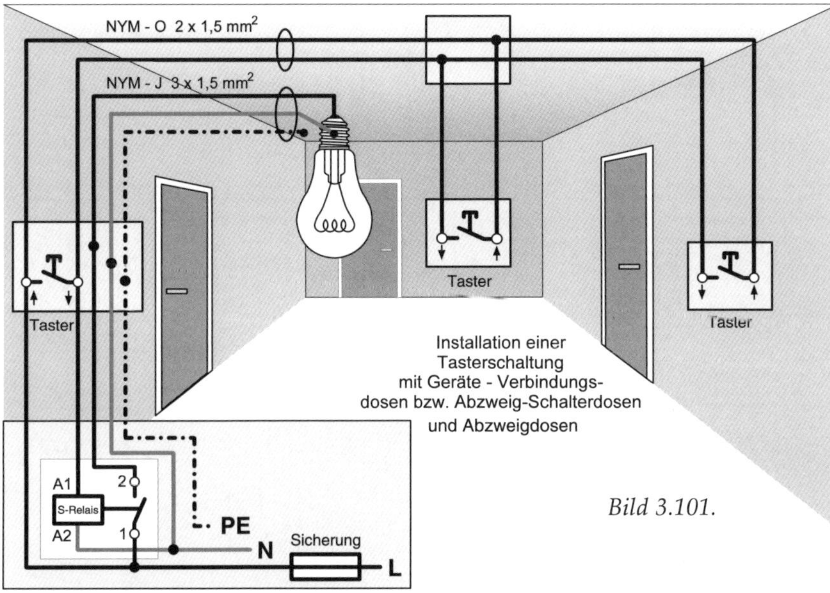

Stromstoßrelais; eingebaut in der Stromkreisverteilung

Bild 3.101.

Bild 3.102.

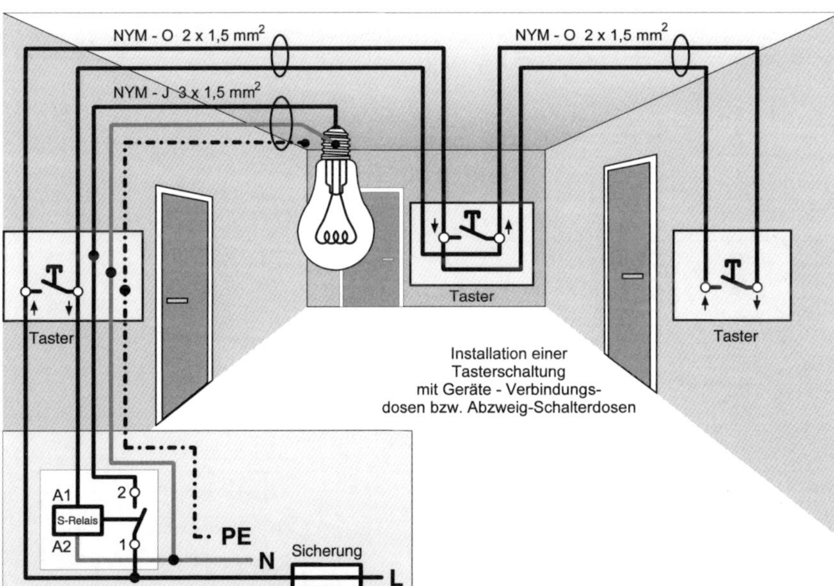

Stromstoßrelais eingebaut in der Stromkreisverteilung

3. Elektroinstallation vom Stromkreisverteiler bis zum Verbraucher

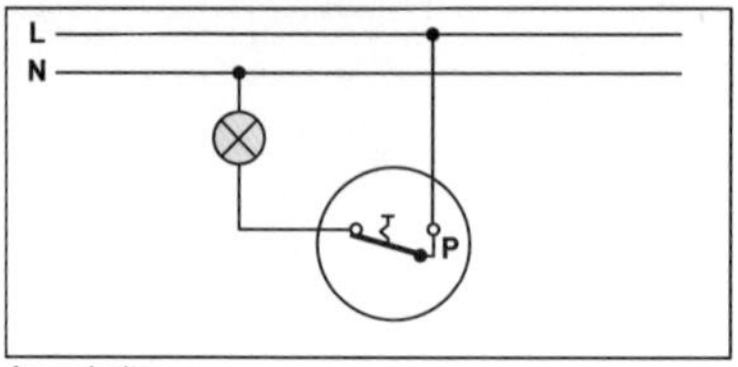

Ausschalter

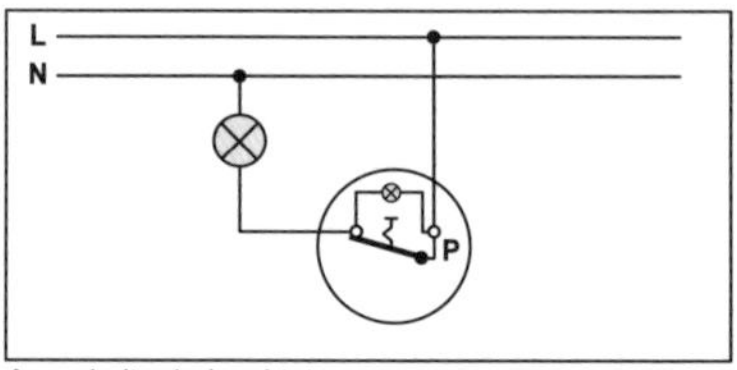

Ausschalter beleuchtet

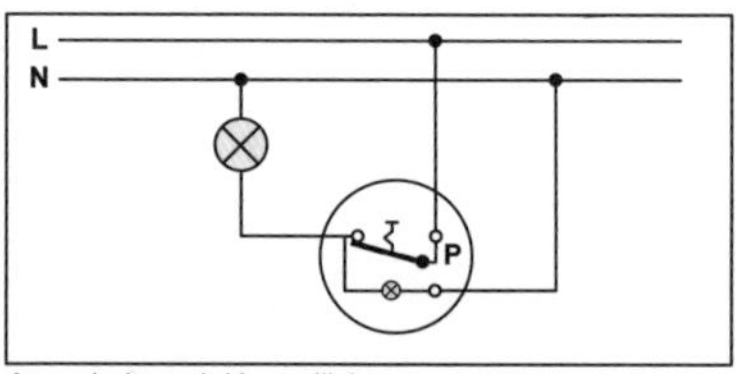

Ausschalter mit Kontrollicht

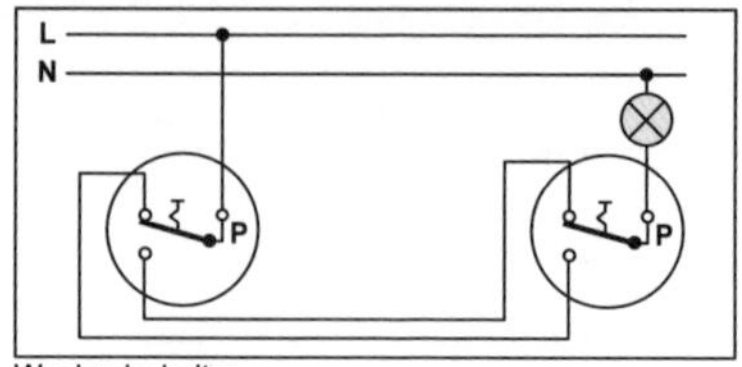

Wechselschalter

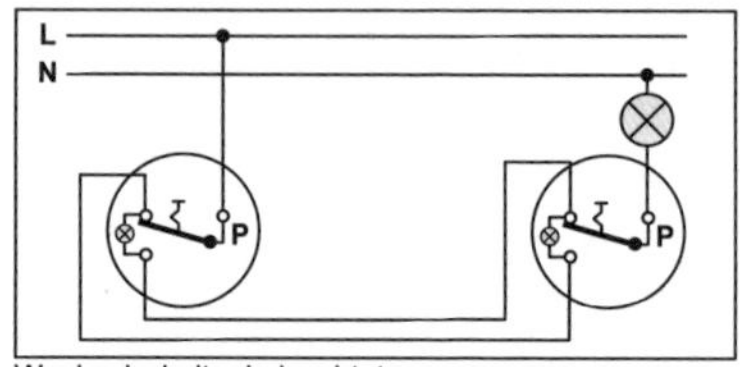

Wechselschalter beleuchtet

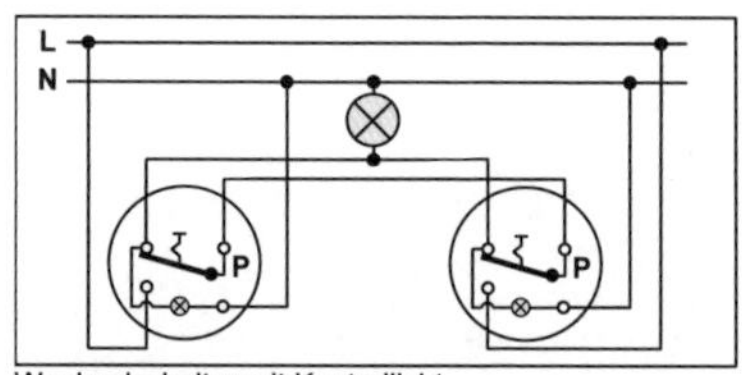

Wechselschalter mit Kontrollicht

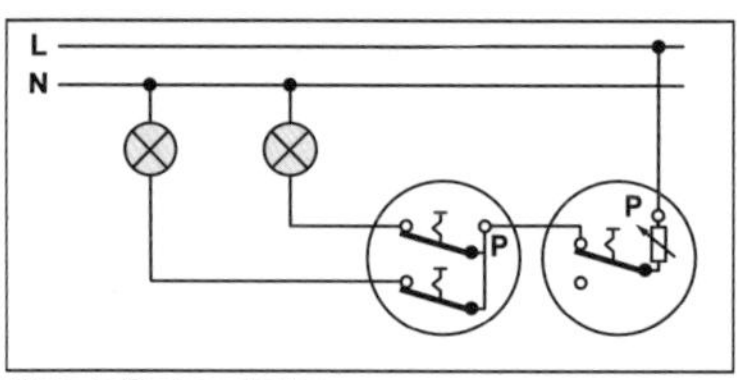

Dimmer/Serienschalter

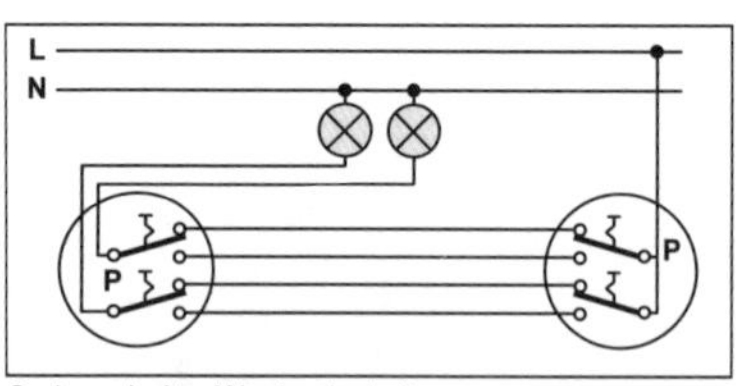

Serienschalter-Wechselschalter

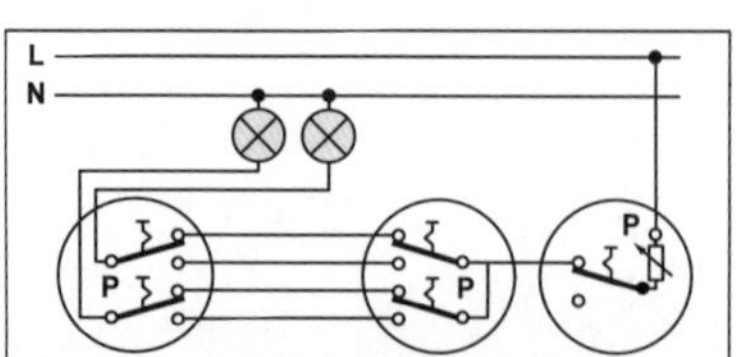

Dimmer/Serienschalter-Wechselschalter

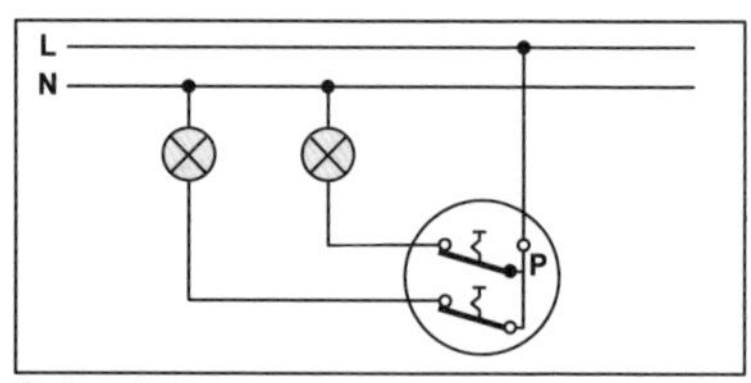

Serienschalter

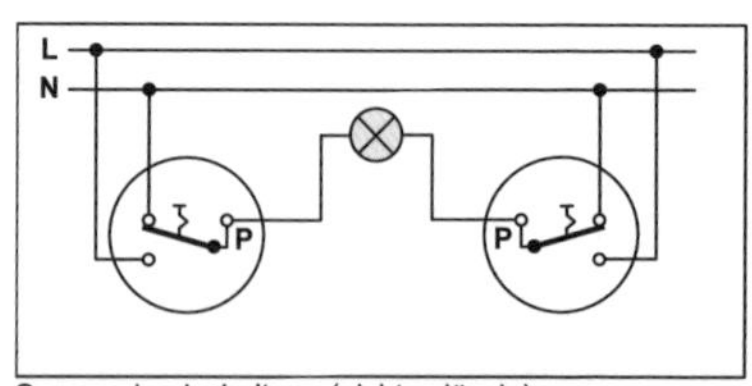

Sparwechselschaltung (nicht zulässig)

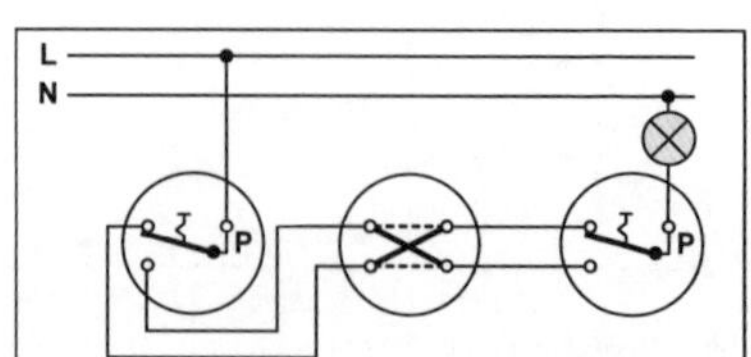

Wechselschalter/Kreuzschalter

Bilder 3.103 bis 3.106.

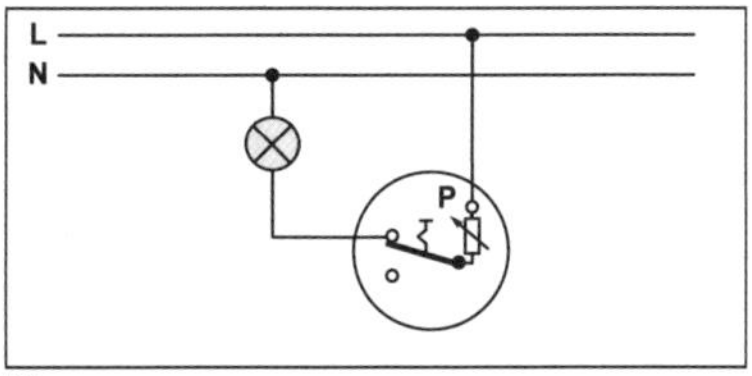

Dimmer

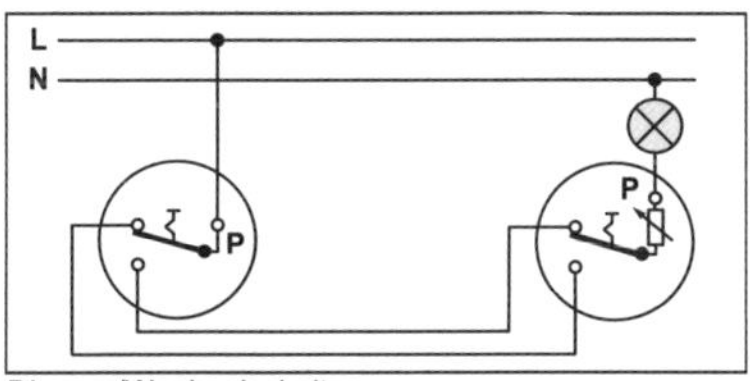

Dimmer/Wechselschalter

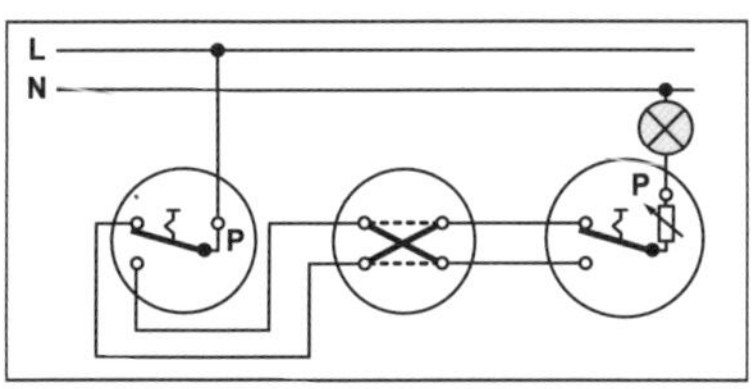

Dimmer/Kreuzschalter/Wechselschalter

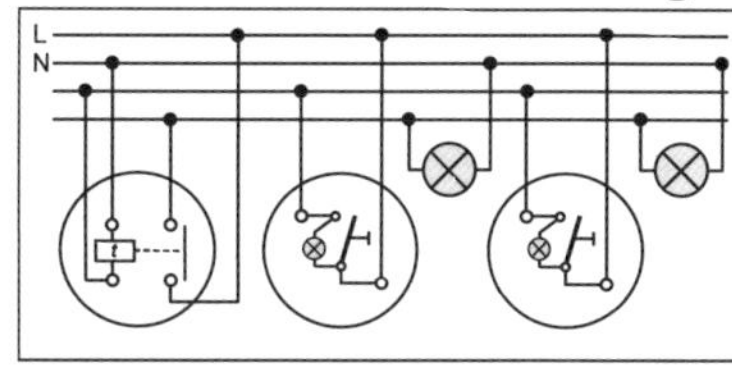

Treppenhausschaltung mit Zeitschalter

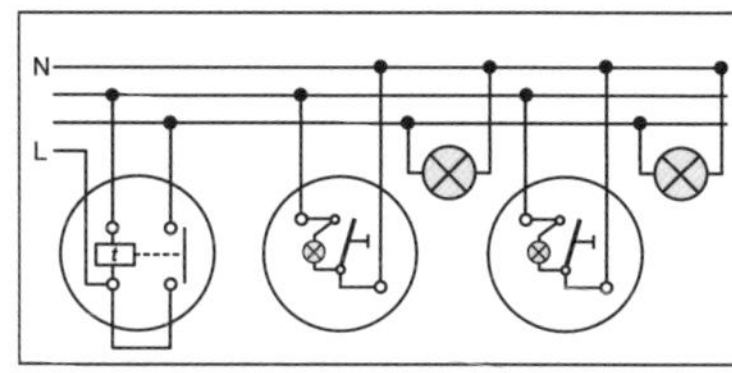

Treppenhausschaltung mit Zeitschalter

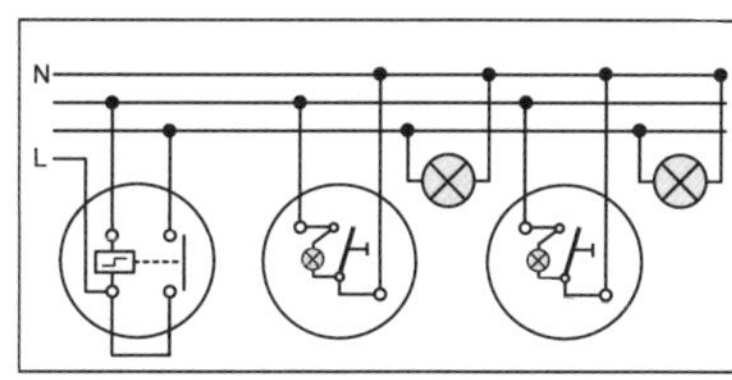

Treppenhausschaltung mit Stromstoßschalter

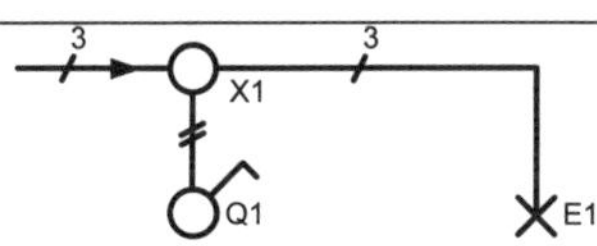

Installationsplan: Einpolige Ausschaltung

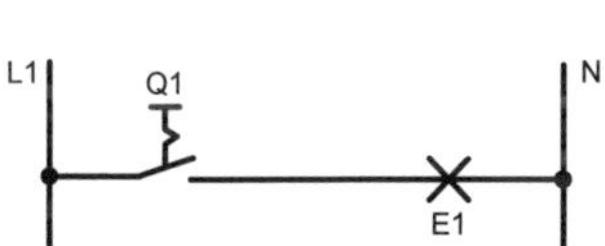

Stromlaufplan: Einpolige Ausschaltung
(aufgelöste Darstellung)

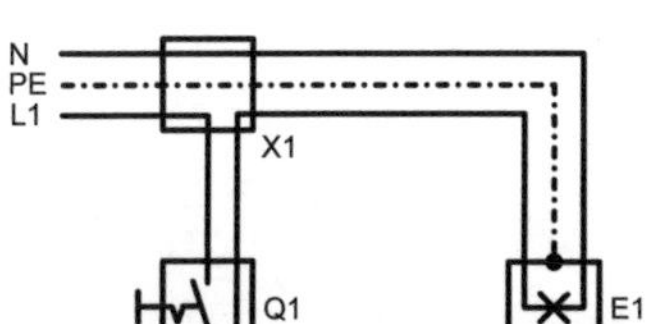

Stromlaufplan: Einpolige Ausschaltung
(zusammenhängende Darstellung)

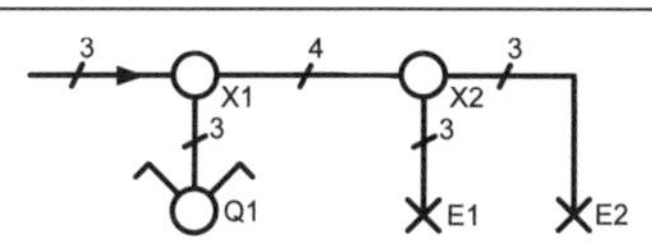

Installationsplan: Einpolige Serienschaltung

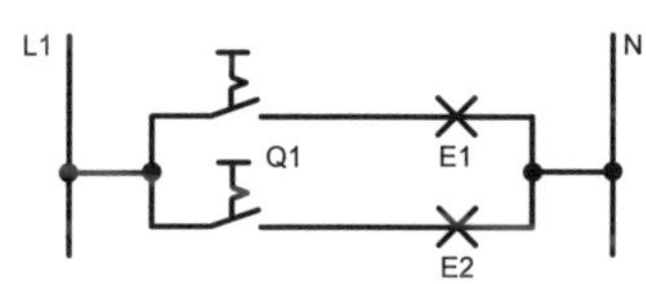

Stromlaufplan: Einpolige Serienschaltung
(aufgelöste Darstellung)

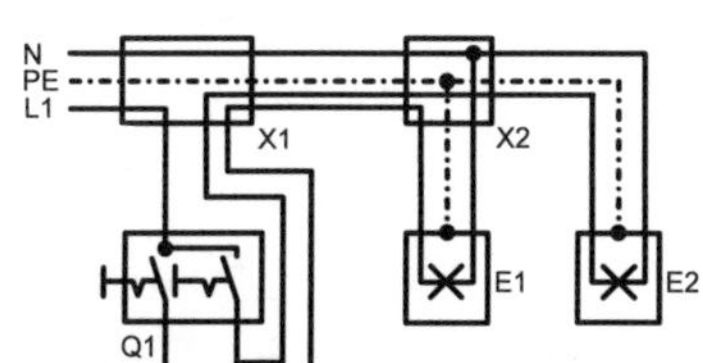

Stromlaufplan: Einpolige Serienschaltung
(zusammenhängende Darstellung)

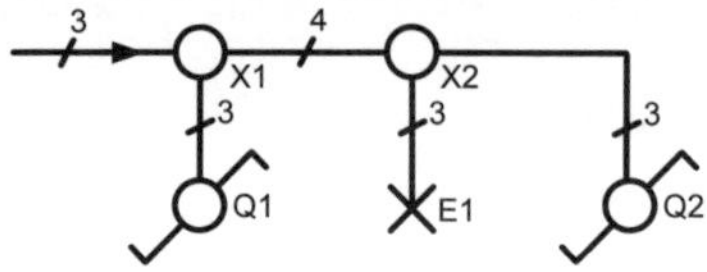

Installationsplan: Einpolige Wechselschaltung

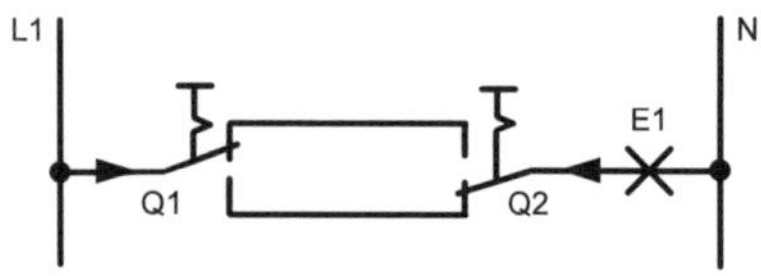

Stromlaufplan: Einpolige Wechselschaltung
(aufgelöste Darstellung)

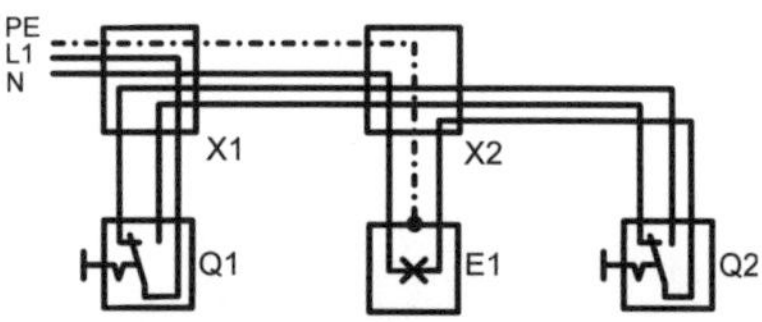

Stromlaufplan: Einpolige Wechselschaltung
(zusammenhängende Darstellung)

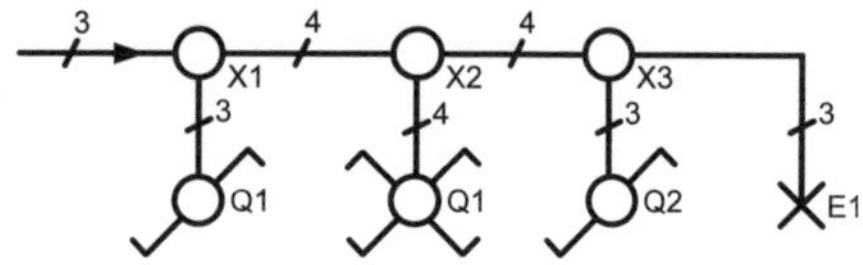

Installationsplan: Einpolige Kreuzschaltung

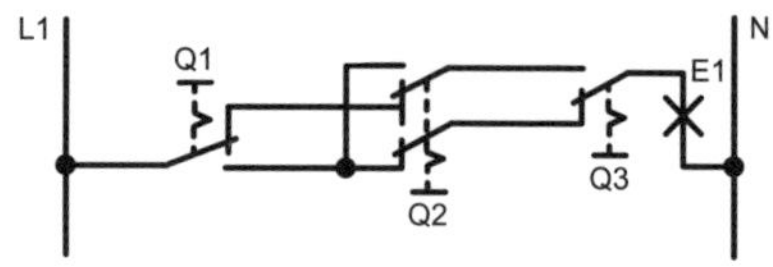

Stromlaufplan: Einpolige Kreuzschaltung
(aufgelöste Darstellung)

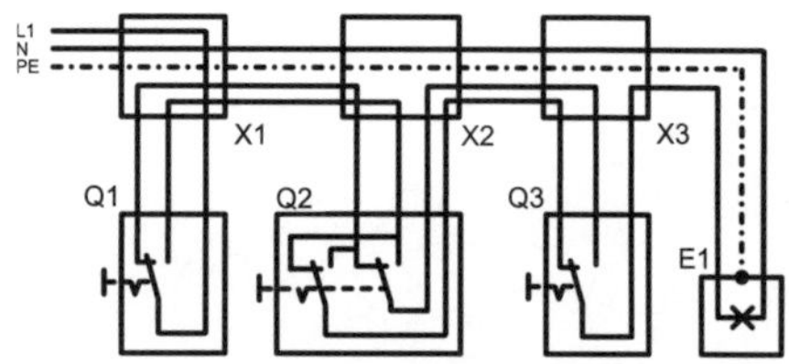

Stromlaufplan: Einpolige Kreuzschaltung
(zusammenhängende Darstellung)

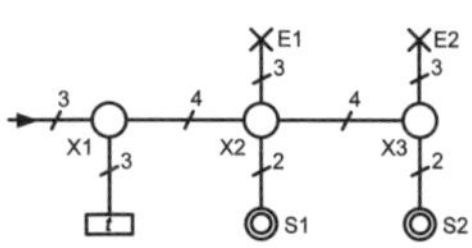

Installationsplan: Treppenhausschaltung mit Zeitschalter

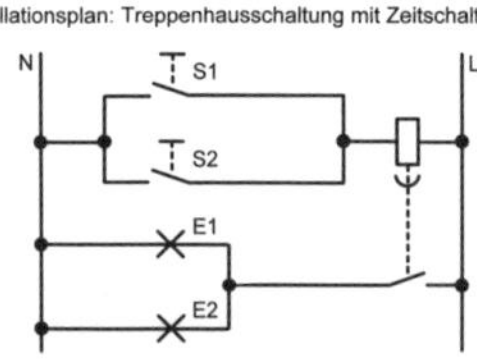

Stromlaufplan: Treppenhausschaltung mit Zeitschalter
(aufgelöste Darstellung)

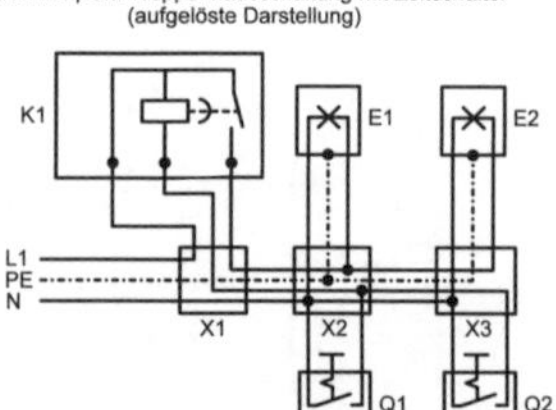

Stromlaufplan:Treppenhausschaltung mit Zeitschalter
(zusammenhängende Darstellung)

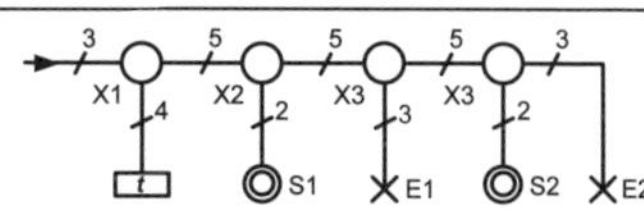

Installationsplan: Treppenhausschaltung mit Zeitschalter

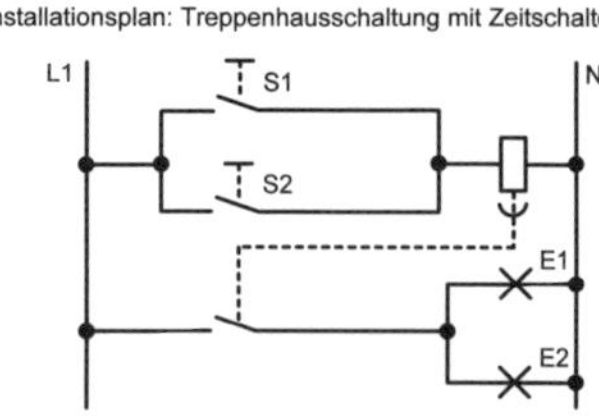

Stromlaufplan: Treppenhausschaltung mit Zeitschalter
(aufgelöste Darstellung)

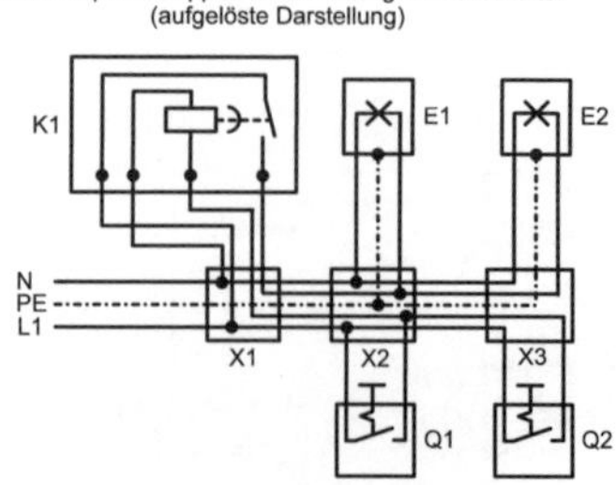

Stromlaufplan:Treppenhausschaltung mit Zeitschalter
(zusammenhängende Darstellung)

Bilder 3.111 bis 3.114.

3.9 Installationsschaltungen

Bewegungsmelder für das automatische Schalten der Beleuchtung

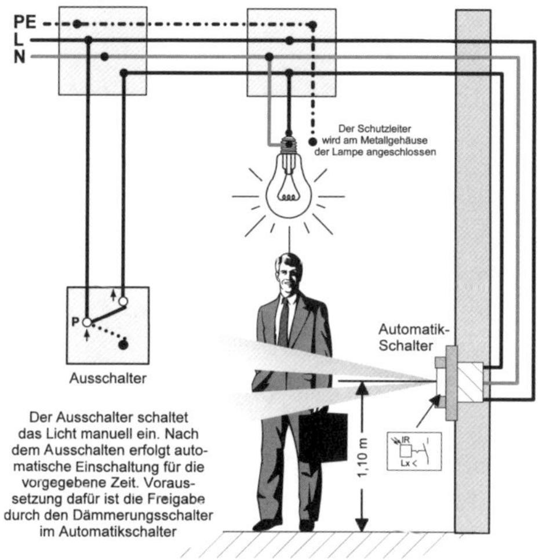

Bilder 3.115 bis 3.117.

Beispiele für die Installation einer Wechselschaltung mit für die Wohnungsinstallation geeigneten Leitungstypen

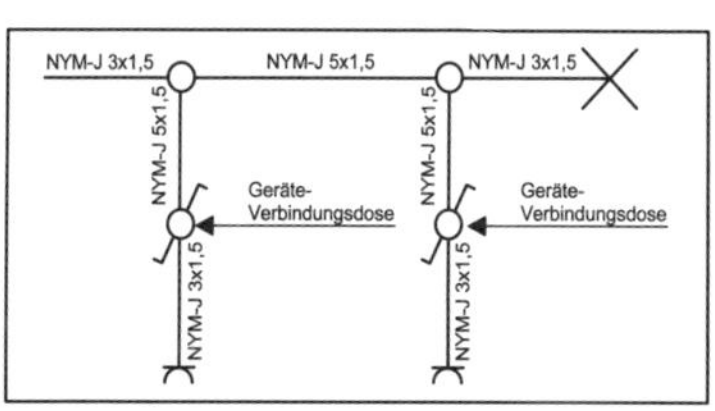

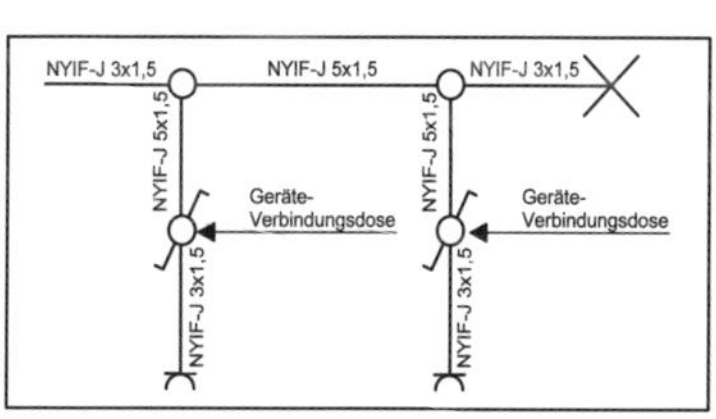

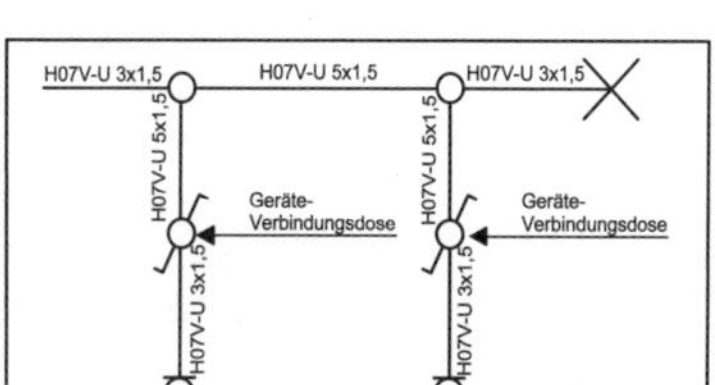

Beispiele für die Installation einer Wechselschaltung mit für die Wohnungsinstallation geeigneten Leitungstypen

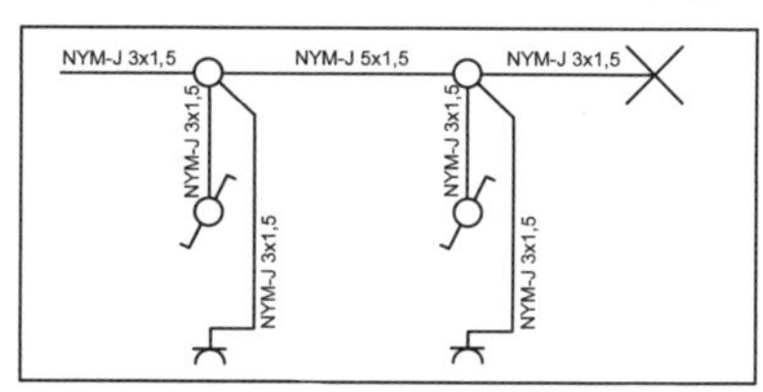

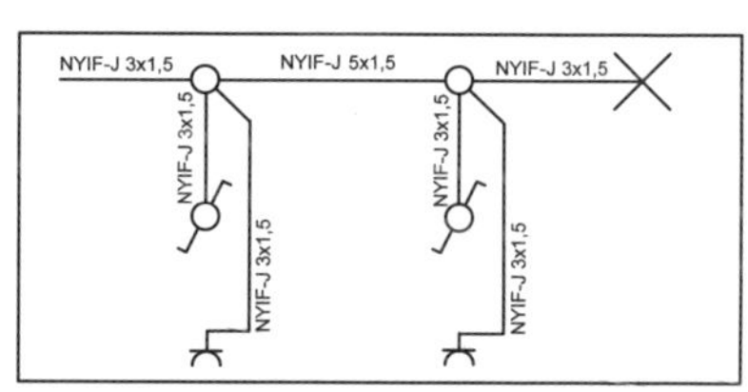

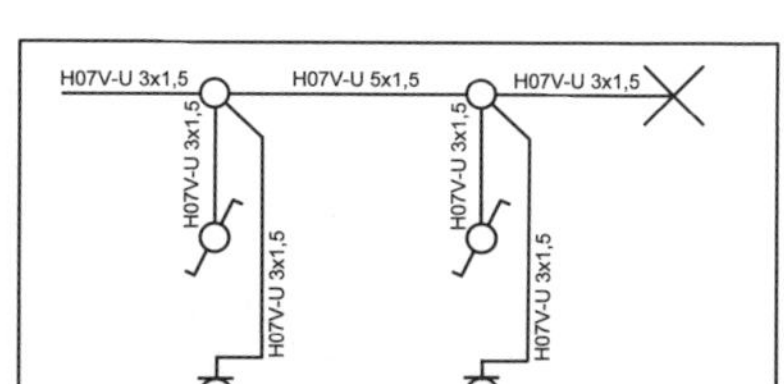

3. Elektroinstallation vom Stromkreisverteiler bis zum Verbraucher

In den fünfziger Jahren gab es Elektroinstallationen im Wohnungsbau mit nur einem Schalter und einem Lampenauslaß in jedem Raum sowie nur einer einzigen zentral im Wohnhaus angeordneten Steckdose. Obwohl es bereits seit 1955 Normen gibt, die Art und Umfang der Mindestausstattung einer Elektroinstallation beschreiben, sind minderwertige Elektroinstallationen im privaten Wohnungsbau vorhanden. Die Elektroinstallation wird mehr oder weniger auch heute noch als zwangsläufiges Übel betrachtet. Dem Bauherrn ist oft nicht bewußt, daß eine gute Elektroinstallation den Wert einer Wohnung bzw. eines Gebäudes wesentlich steigert.

Im Wohnraum ist, wie in jedem anderen Raum, die Anzahl der Lampenauslässe und Steckdosen abhängig von der Wohnfläche des Raumes. Zu den Wohnräumen gehören z.B. das Eßzimmer, die Diele und auch das Wohnzimmer. Es muß bei den Steckdosen besonders auf eine nutzungsgerechte Anordnung geachtet werden.

Die Antennensteckdose sollte an einer Wand angebracht werden, an der Sie das Fernsehgerät so aufstellen können, daß keine Spiegelungen des Tageslichts von Fenster oder Türen am Bildschirm zu sehen sind. Neben die Antennensteckdose sollte man mindestens eine Dreifachsteckdose setzen. In der Regel sind aber drei Steckdosen zu wenig, denn in der Nähe der Antennensteckdose befindet sich meist auch eine Stereoanlage, die eventuell für Tuner, Verstärker und CD-Spieler schon drei Steckdosen belegt. Nicht selten kommen zum Fernseher ein Videorecorder, Satellitenreceiver und Decoder hinzu. Mindestens eine Steckdose sollte für andere Zwecke frei bleiben. Das heißt, daß acht Steckdosen neben der Antennensteckdose im Wohnraum sicher nicht zuviel sind, wenn Sie den Einsatz von Steckdosenleisten vermeiden möchten.

Grundsätzlich sollten Sie an jeder Tür mindestens einen Schalter vorsehen und unter diesem, auf einer Höhe von 30 cm, eine Steckdose, die dem Anschluß von Reinigungsgeräten dient. Steckdosen mit Lichtschaltern auf der Höhe von 105 cm zu kombinieren ist wegen des Durchhangs der Anschlußleitung von Reinigungsgeräten nicht empfehlenswert.

Die Telefonsteckdose kann in der Nähe der Sitzgruppe montiert werden. Mindestens eine Schukosteckdose für den Netzanschluß von schnurlosen Telefonen sollte neben der Telefonsteckdose vorhanden sein. Grundsätzlich gilt, daß Antennensteckdosen und Fernmeldesteckdosen nicht mit 230-V-Steckdosen kombiniert werden dürfen. Sie müssen getrennt abgedeckt sein. Eine gemeinsame Abdekkung ist nur zulässig, wenn auch nach Entfernen der Abdeckung die Starkstromsteckdose gegen direktes Berühren geschützt ist. Darauf weisen verschiedene VDE- und FBO-Normen ausdrücklich hin.

Nach dem Entfernen einer gemeinsamen Abdeckung ist bei den älteren Schutzkontaktsteckdosen-Fabrikaten kein Schutz gegen direktes Berühren vorhanden. Der Abstand von Dosenmitte zu Dosenmitte muß dann mindestens 80 mm betragen. Dieses Maß ist auf die empfohlene Größe für Abdeckplatten von 80 × 80 mm zurückzuführen (Bild 3.118). Der Abstand zwischen den 230-V-Steckdosen und der Antennen- bzw Fernmeldesteckdose muß selbstverständlich nicht genau 80 mm sein. Er kann auch größer sein (Bild 3.119). Eine parallele Leitungsführung von Fernmeldeleitungen und 230-V-

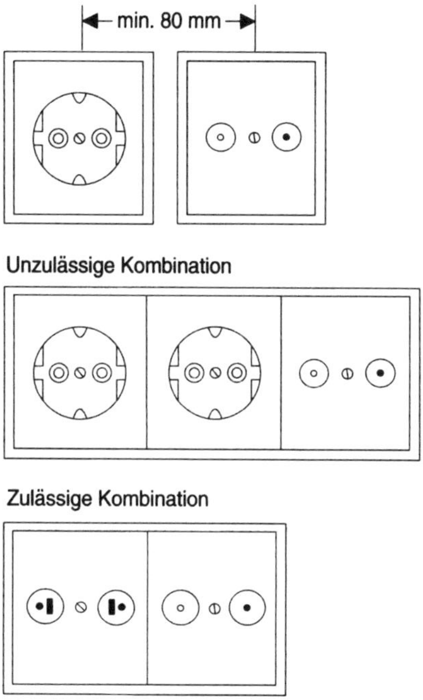

Bild 3.118.

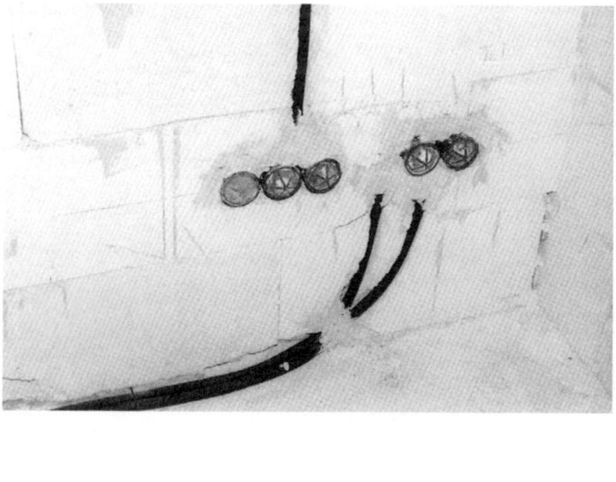

Bild 3.119.

Bild 3.120.

Leitungen in einem Mauerschlitz ist nicht zu empfehlen (Bild 3.120). Der Abstand zwischen energietechnischen- und informationstechnischen Leitungen sollte mindestens 1 cm betragen.

Es wird empfohlen, in einem Wohn- oder Schlafraum mit einer größeren Wohnfläche als 20 m² mindestens 5 bis 10 Schukosteckdosen und 3 bis 4 Auslässe für die Beleuchtung an der Wand oder Decke zu installieren. Die Anzahl der Wand- und Deckenauslässe für die Beleuchtung wird nicht nur vom Zweck der Beleuchtung bestimmt, sondern auch von der Möblierung des Raumes. So sorgt eine indirekte Beleuchtung, beispielsweise mit Leuchtstofflampen über der Fensterfront, im Wohnraum für eine gemütliche Atmosphäre. Bestimmte Anforderungen an die Beleuchtungsstärke im Wohn- oder Schlafraum bestehen nicht. Wegen der unterschiedlichen Verwendungszwecke der Beleuchtung im Wohnraum, wie Lesen oder Fernsehen, sind Dimmer, mit denen die Beleuchtungsstärke stufenlos geregelt werden kann, in Wohn- und Schlafräumen bereits zum Standard geworden. Die Steckdosen und Lampenauslässe von

Bild 3.121.

Elektroinstallation einer Wohnung

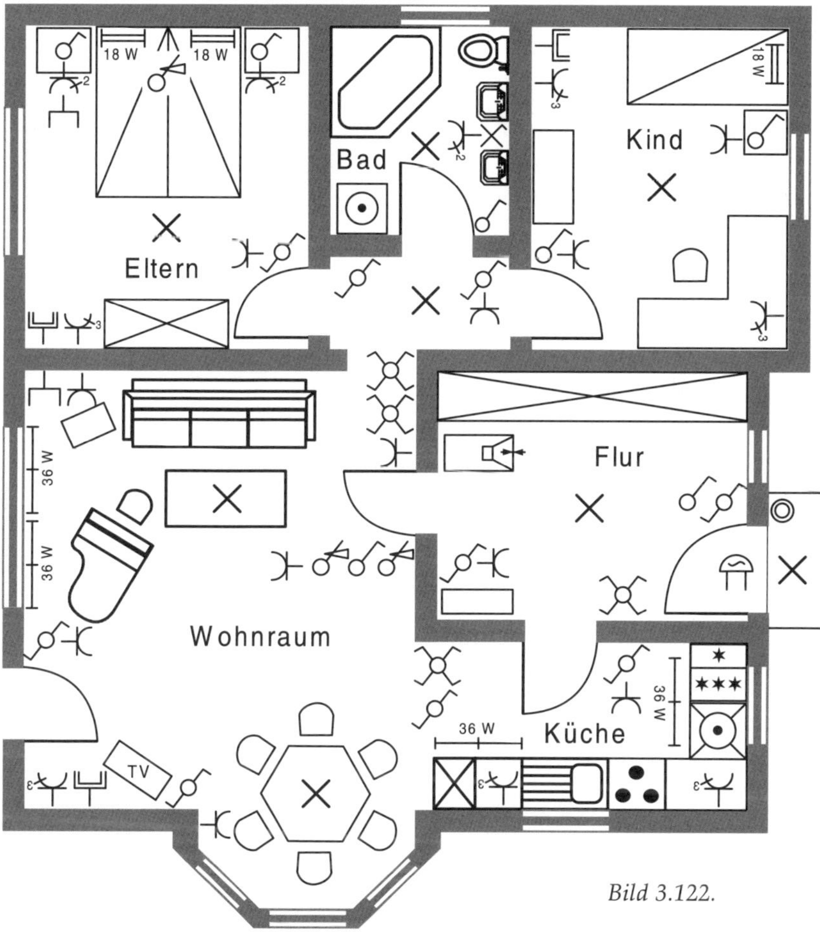

Bild 3.122.

Wohnraum	1	1	3	8	2		3	1	2	
Küche			2	7			2			
Eltern/Flur	1	1	4	8	1		3	2	1	
Kind	1		2	8				2		
Flur			1	1	1		2			1
Bad			2	2				1		
Gesamt	3	2	14	34	4		10	6	3	1

Bild 3.123. *Beispiel für die Elektroinstallation im Wohnraum*

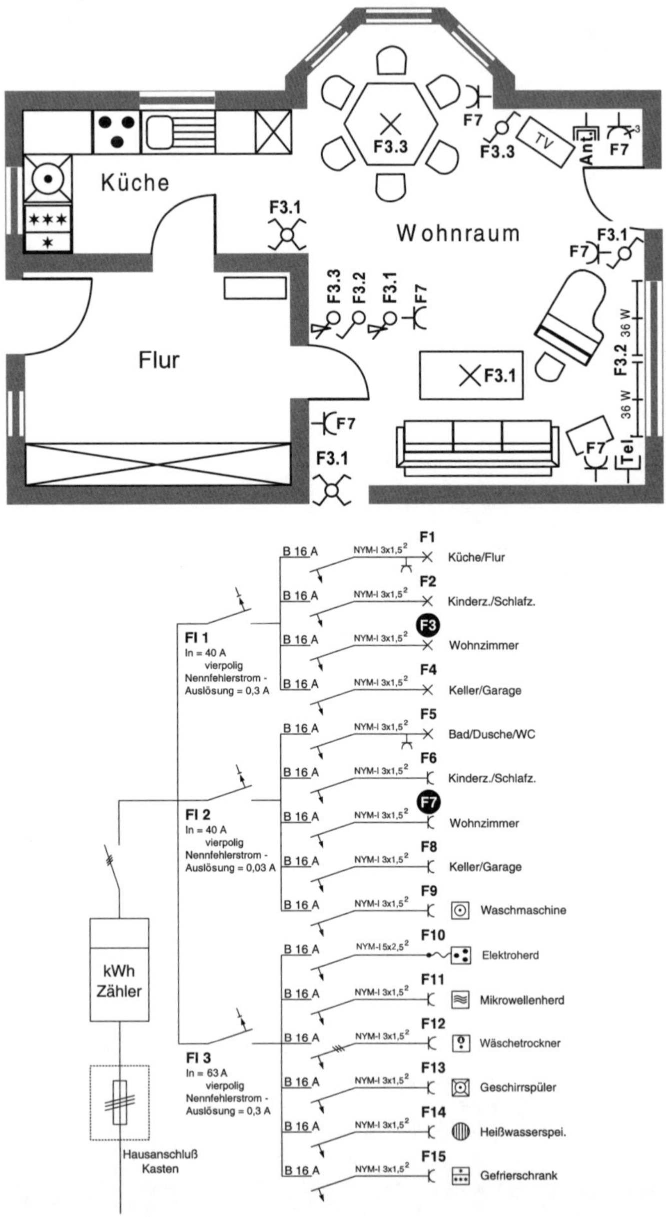

Beispiel für die Elektroinstallation im Kinder- und Schlafzimmer

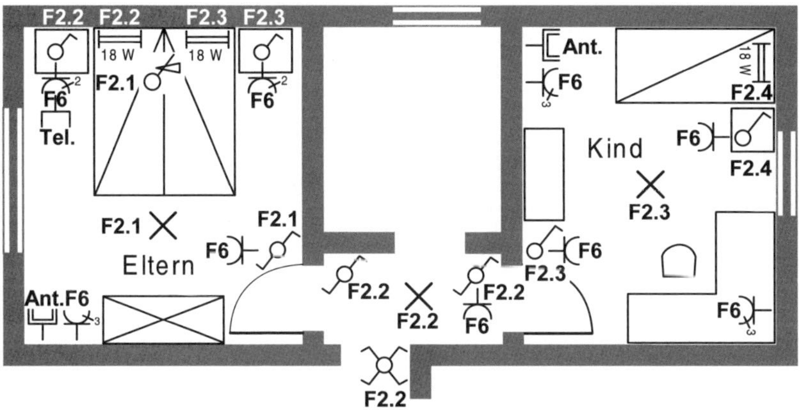

Bild 3.124.

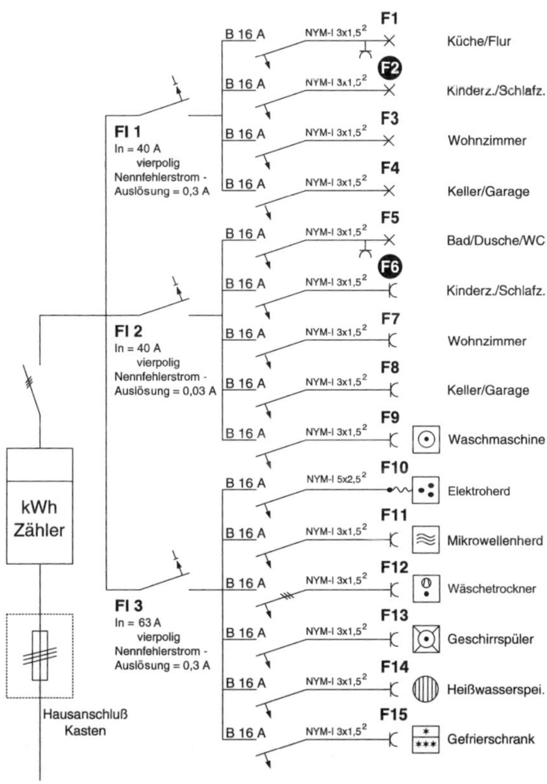

Bild 3.125. *Beispiel für die Elektroinstallation im Flur*

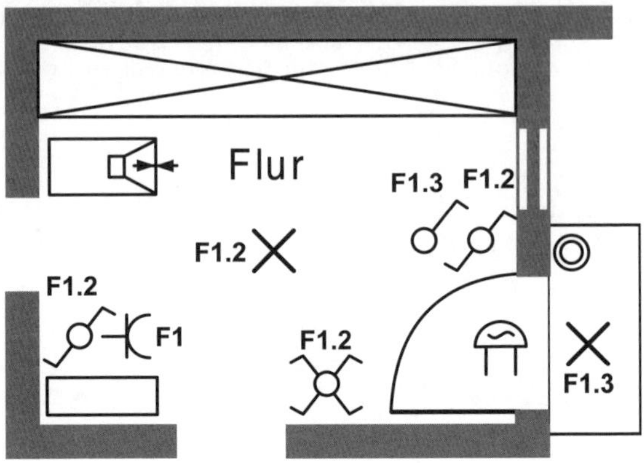

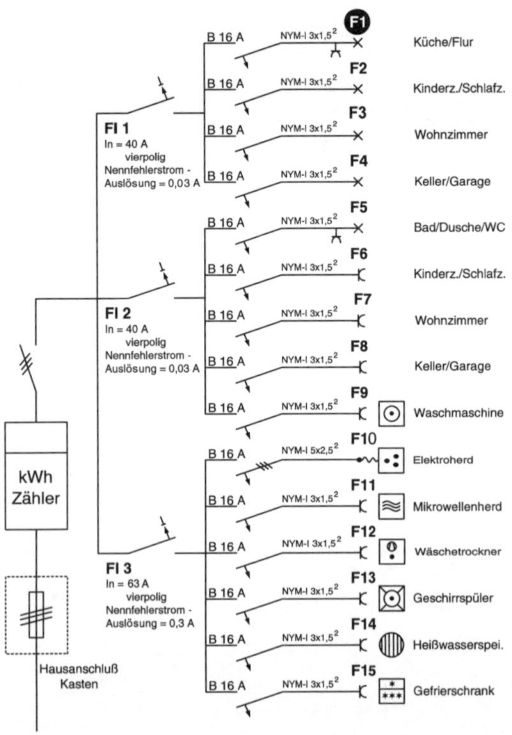

Wohn- und Schlafraum dürfen zu einem Stromkreis zusammengefaßt werden.

Zu den Schlafräumen gehören Kinderzimmer, Gästezimmer und Elternschlafzimmer. Im Elternschlafzimmer ist es zweckmäßig, links und rechts neben dem Bett eine Zweifach- oder Dreifachsteckdose in Abstand zur Bettmitte von etwa 1,3 m anzuordnen (Bild 3.121). Neben den Steckdosen sollten Schalter für die Leselampen und ein Wechselschalter für den Deckenlampenauslaß in Raummitte vorhanden sein. An Stelle der Wechselschaltung für die Deckenlampe kann auch eine Tasterschaltung mit Stromstoßschalter installiert werden. Wer gerne im Bett telefoniert, kann auch einen Telefonanschluß neben dem Bett installieren.

Das Bild 3.122 zeigt einen Elektroinstallationsplan, der eine vernünftige Ausstattung der Elektroinstallation für eine Mehrraumwohnung berücksichtigt. Die Elektroinstallation enthält bei diesem Beispiel vierzehn Lampenauslässe, vierunddreißig Steckdosen und dreiundzwanzig Schalter. Bei der Ermittlung der Gesamtzahl der Steckdosen zählt hier z.B. die Zweifachsteckdose nicht nur als eine, sondern als zwei Steckdosen.

Auf den Bildern 3.123 bis 3.125 ist die Zuordnung der Stromkreise zu den Steckdosen und Lampen im Wohnraum, Schlafraum, Kinderzimmer und Flur zu sehen sowie die Zuordnung der Schalter zu den damit geschalteten Decken- und Wandauslässen.

3.11 Elektroinstallation in der Küche

Die Planung der Elektroinstallation in der Küche kann man nur mit einem Einrichtungsentwurf durchführen. Für die Beleuchtung sollten Sie mindestens einen Deckenauslaß in Raummitte oder in der Nähe des Fensters vorsehen. Eine schattenfreie Beleuchtung der Arbeitsfläche ist in der Regel nur möglich, wenn Leuchtstofflampen bzw. Lichtleisten an der Unterseite der Hängeschränke montiert werden. Für den Anschluß dieser Leuchtstofflampen sollten Steckdosen auf einer Höhe von 215 cm über dem Fertigfußboden, also oberhalb der Hängeschränke, montiert werden (Bild 3.126). Meistens kann man die Leitung für den Anschluß der Lampen hinter den Hängeschränken problemlos zu den Steckdosen hochführen. Die Arbeitsflächenbeleuchtung sollte sich unabhängig von der Raumbeleuchtung schalten lassen. Es können für diesen Zweck Lampen mit eingebautem Schalter verwendet werden. Eine elegantere Lösung ist, die Arbeitsflächenbeleuchtung mit einem Schalter, der neben der Küchentür angebracht ist, zu schalten.

Kleingeräte wie Kaffeemaschine, Eierkocher, Toaster usw. werden von den Steckdosen über der Arbeitsfläche versorgt. Für den Anschluß der Kühl-Gefrier-Kombination und Dunstabzugshaube sollten auch Steckdosen auf einer Höhe von 215 cm installiert werden. Maßgebend für die Anzahl der Steckdosen über der Arbeitsfläche ist die Länge der Arbeitsfläche. In Abständen von ca. 1 m sollte man Zwei- oder Dreifachsteckdosen anbringen. Jedes Großgerät mit einer Anschlußleistung ab 1,5 kW wie Mikrowelle, Grillgerät, Kochendwassergerät und Warmwasserbereiter benötigt einen eigenen Stromkreis. Durchschnittliche Anschlußwerte für Küchengeräte listet die Tabelle in Bild 3.127 auf. Die meisten Küchengeräte werden mit 230 V

Bild 3.126.

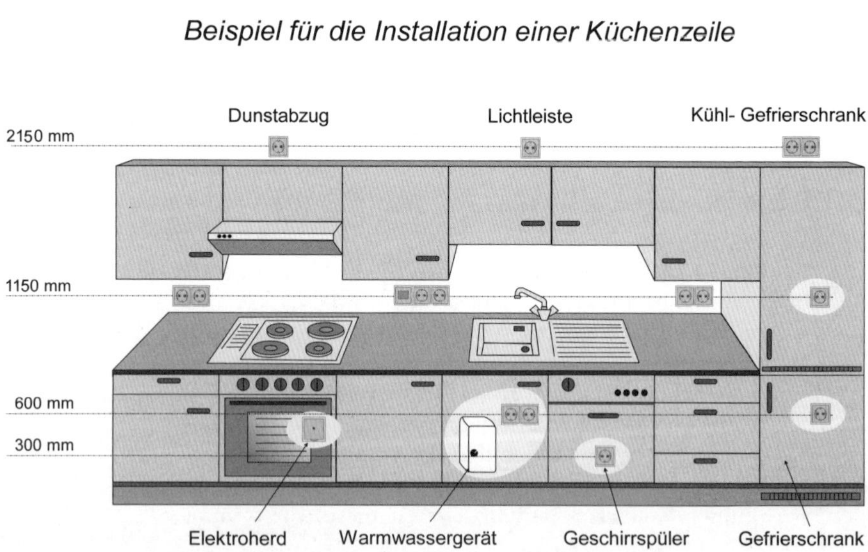

versorgt und mit einem Schukostecker angeschlossen. Die einzige Ausnahme bildet der Elektroherd.

Die Herdanschlußdose (Bild 3.128) wird auf einer Höhe von 50 oder 60 cm über dem Fertigfußboden installiert. Normale Gerätedosen mit einem Durchmesser von 55 mm können als Herdanschlußdose nicht verwendet werden. Üblich sind für den Herdanschluß spezielle Dosen mit eingebauten Klemmen, an denen der Herd fest (nicht steckbar) angeschlossen wird. Als Alternative zum festen Herdanschluß kann man eine sogenannte Perilexsteckvorrichtung (Bild 3.129) für einen steckbaren Herdanschluß verwenden. Für Elektroherde, die im üblichen Leistungsbereich liegen, ist immer ein eigener Drehstromkreis erforderlich. Als Zuleitung für einen Elektroherd eignet sich z.B. die Mantelleitung NYM-J 5 × 2,5 oder die Flachleitung NYIF-J 5 × 2,5. Die eigentliche Herdanschlußleitung muß immer flexibel sein. Für den flexiblen Anschluß geeignete Leitungstypen sind H05RR-F5G2,5 oder H05VV-F5G2,5. Die Länge der Herdanschlußleitung muß ein Herausnehmen des Elektroherdes aus der Küchenzeile für Reparatur- oder Reinigungszwecke zulassen. Nach Möglichkeit sollte man den Elektroherd nicht neben einem Kühl- oder Gefriergerät aufstellen, da sonst eventuell der Wärmeaustausch des Kühlgerätes behindert wird. Das Bild 3.130 zeigt den Stromlaufplan und die Anschlußmöglichkeiten von einem Vollelektroherd mit drei Kochplatten, einer Schnellkochplatte und einem Backrohr.

Ein Anschluß des Elektroherdes mit 230 V Wechselspannung ist möglich. In diesem Fall muß wegen der höheren Belastung der Leiter ein, dem Anschlußwert des Herdes entsprechend, größerer Leiterquerschnitt und auch eine dementsprechend größere Überstrom-Schutzeinrichtung verwendet

Durchschnittliche Anschlußwerte für Elektrogeräte in der Küche

Elektroherd	10 000 W
Mikrowelle	1 500 W
Grillgerät	2 000 W
Friteuse	2 000 W
Dunstabzugshaube	250 W
Kochendwassergerät	2 500 W
Geschirrspülmaschine	3 300 W
Toaster	1 000 W
Kaffeemaschine	500 W
Kühlschrank	200 W
Gefriergerät	250 W
Kühl-Gefrier-Kombinat.	300 W

Bild 3.127.

Bild 3.128.

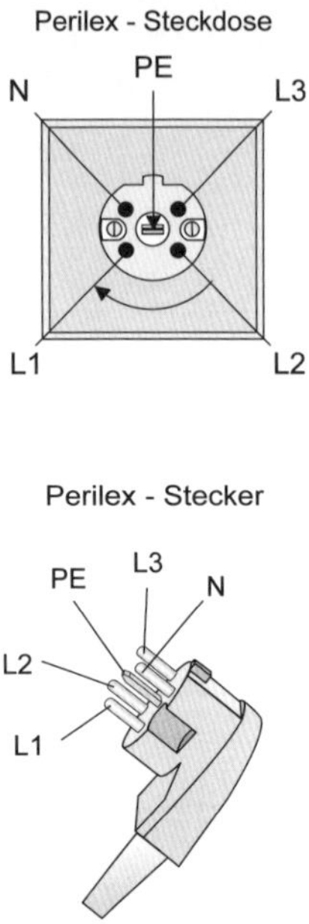

Bild 3.129.

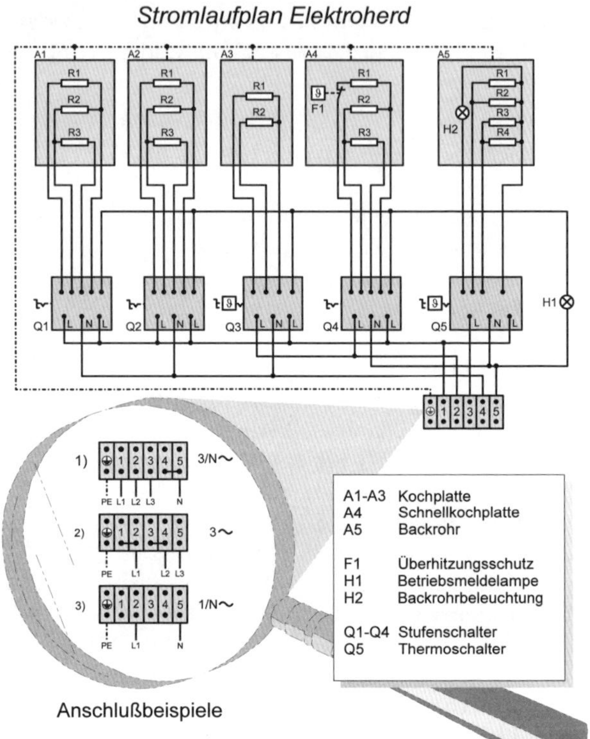

Bild 3.130.

werden. Wird z.B ein Elektroherd mit 10 kW Leistungsaufnahme an einen 230-V-Wechselstromkreis angeschlossen, der nur mit 16 A abgesichert ist, löst bei gleichzeitigem Betrieb von allen Kochplatten und dem Backrohr innerhalb kurzer Zeit die 16-A-Überstromschutzeinrichtung aus.

Auf dem Bild 3.131 ist die Zuordnung der Stromkreise zu den Steckdosen und Lampen in der Küche zu sehen sowie die Zuordnung der Schalter zu den damit geschalteten Decken- und Wandauslässen.

Beispiel für die Elektroinstallation in der Küche

Bild 3.131.

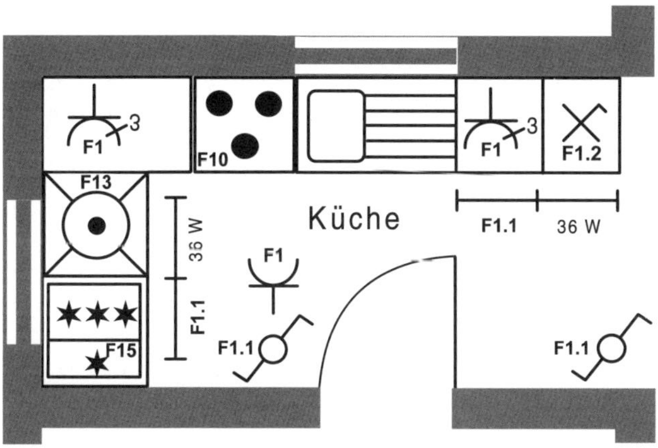

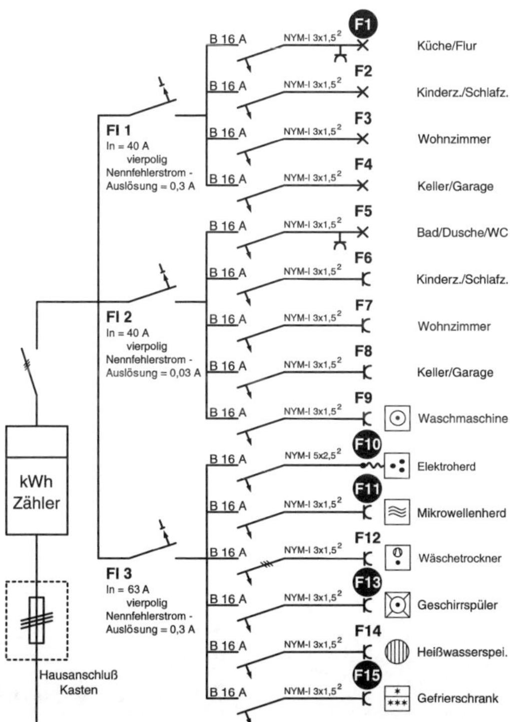

3.12 Elektroinstallation im Bade- und Duschraum

Nach den Bestimmungen der DIN VDE 0100, Teil 701 hat ein Badezimmer oder ein Duschraum drei unterschiedliche Gefahrenzonen, die in die Bereiche 0 bis 2 aufgeteilt sind (Bild 3.132). Der Bereich 0 befindet sich im Inneren der Bade- oder Duschwanne. In diesem Bereich ist die Gefahr am größten. Die meisten tödlichen Stromunfälle ereignen sich im sogenannten häuslichen Bereich. Von diesen tödlichen Stromunfällen geschehen viele im **Bereich 0** des Baderaums. Eine Bestätigung dafür ist z.B. ein Zeitungsbericht aus den Nürnberger Nachrichten (Bild 3.133), in dem steht, daß aus ungeklärten Gründen alle Wasserleitungen in dem Einfamilienhaus unter Strom standen. Strom-

Bild 3.132.

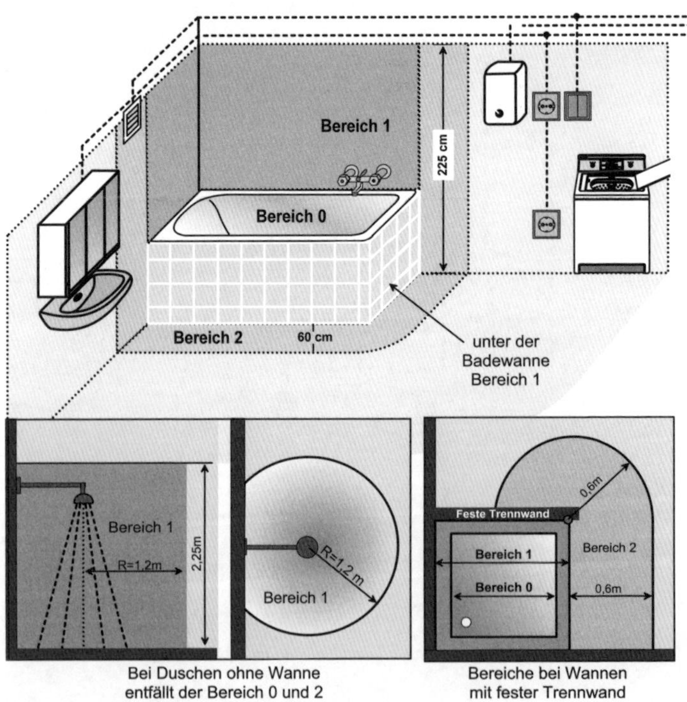

Tödlicher Stromschlag

ABENSBERG (dpa) – Ein 29jähriger ist an einem Stromschlag in seiner Badewanne im niederbayerischen Abensberg (Landkreis Kelheim) gestorben. Nach Angaben der Polizei stand in dem Einfamilienhaus aus noch ungeklärten Gründen offenbar die ganze Wasserleitung unter Strom. Als der Mann die Armaturen anfaßte, erlitt er den Schlag. Er erlag im Krankenhaus seinen schweren Verletzungen.

Quelle: *Nürnberger Nachrichten*

Bild 3.133 (links).

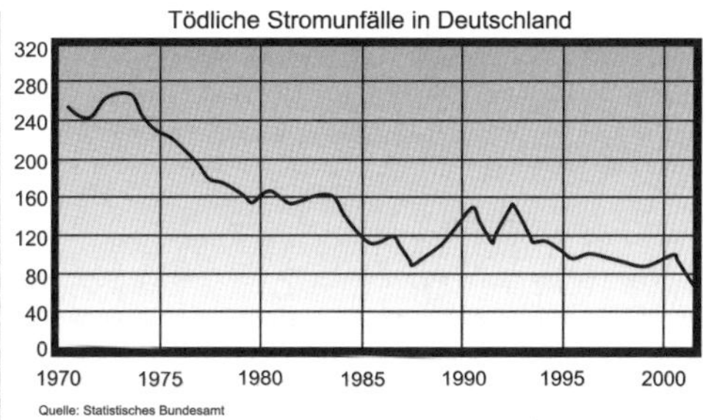

Bild 3.134 (oben).

unfälle dieser Art sind meistens zurückzuführen auf mangelhaften und/oder fehlerhaften Potentialausgleich und einer nicht vorhandenen 30-mA-Fehlerstrom-Schutzeinrichtung für den Baderaum. Die Forderung von FI-Schutzeinrichtungen mit Nennauslösestrom 30 mA für Bade- und Duschräume hat sicherlich dazu beigetragen, die Anzahl der tödlichen Stromunfälle, die sich während der letzten Jahre in Deutschland ereignet haben, erheblich zu reduzieren (Bild 3.134).

Der **Bereich 1** liegt an den senkrechten Wänden über sowie unter der Wanne und verläuft bis zu einer Höhe von 2,25 m über dem Fußboden. Ein Spritzwasser geschützter Warmwasserspeicher oder Durchlauferhitzer, z.B. mit der Schutzart IP X5 (Schutzarten siehe 4.10), darf im Bereich 1 montiert werden. Alle anderen elektrischen Geräte oder Betriebsmittel dürfen sich nicht in diesem Bereich befinden.

Der **Bereich 2** führt mit einer Breite von 60 cm an den senkrechten Wänden sowie am Fußboden um die Bade- oder Duschwanne her-

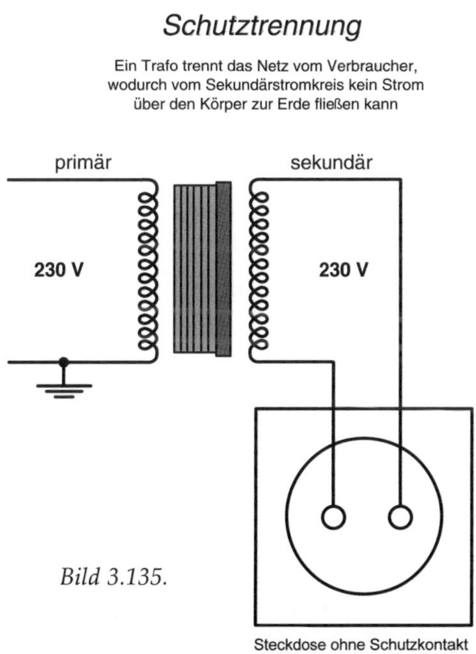

Bild 3.135.

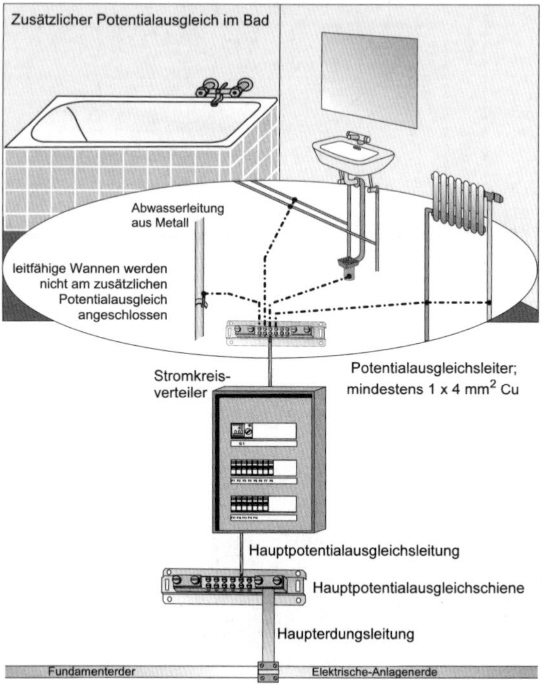

Bild 3.136.

um. Im Bereich 2 darf man wie im Bereich 1 keine Schalter oder Steckdosen anbringen. Die Montage einer spritzwassergeschützten Lampe ist im Bereich 2 zulässig. Besonders sicher ist der Einsatz von Leuchten, die mit einer Schutzkleinspannung von maximal 12 V betrieben werden. Es ist zu beachten, daß sich die Stromquelle für die Schutzkleinspannung außerhalb der Bereiche 0 bis 2 befindet. Die Leitungen Typ NYIF und H07V dürfen in den Bereichen 0 bis 2 nicht verlegt werden. Möglich ist die Installation in den Bereichen 1 bis 2 mit dem Leitungstyp NYM und NYY. Diese Installationsleitungen dürfen aber nur auf kürzestem Weg von der waagerechten Installationszone, die über den Gefahrenzonen liegt, senkrecht zum Betriebsmittel geführt werden. Verbindungsdosen und Geräte-Verbindungsdosen sind in den Bereichen 1 und 2 unzulässig.

Steckdosen außerhalb der Bereiche 0 bis 2 sind zulässig, sie müssen aber im TT- und TN-System von einer Fehlerstrom-Schutzeinrichtung mit Nennfehlerstrom 30 mA geschützt werden. Eine weitere Möglichkeit für den Einsatz von Steckdosen im Bad bietet die Schutztrennung (Bild 3.135). Es handelt sich hier in der Regel um einen speziellen Trenntransformator mit kleiner Leistung, der den Anforderungen der Schutztrennung entspricht und an den nur maximal eine Steckdose (z.B. Rasiersteckdose) angeschlossen werden darf.

Grundsätzlich ist zu beachten, daß durch die Bereiche 0 bis 2 keine Leitungen verlegt werden, die zur Stromversorgung von

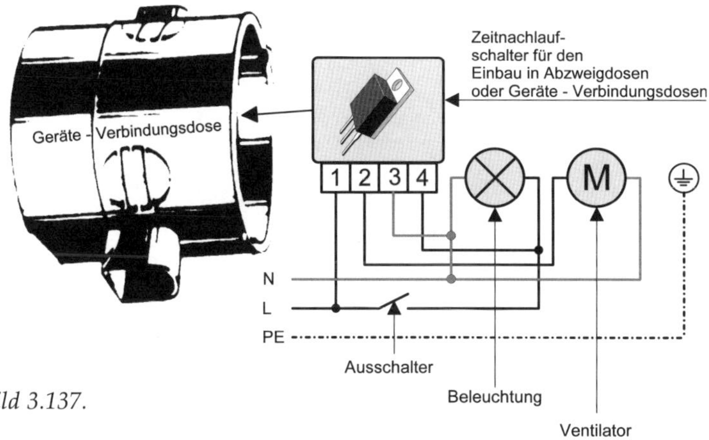

Bild 3.137.

anderen Räumen dienen. Beim Fräsen oder Stemmen von Mauerschlitzen auf der Rückseite der Wände eines Bade- oder Duschraumes muß darauf geachtet werden, daß die hinter dem Mauerschlitz verbleibende Wandstärke mindestens 6 cm beträgt.

Wegen der nur zeitweise auftretenden Feuchtigkeit zählt der Baderaum zu den trockenen Räumen, somit kann man für trokkene Räume geeignetes Schalter- und Steckdosenmaterial im Badezimmer verwenden.

In Bade- oder Duschräumen besteht eine besondere Gefährdung, weil durch Nässe und Feuchtigkeit der menschliche Körperwiderstand wesentlich abnimmt und bei einer Verbindung zum Erdpotential, bereits bei kleinen Berührungsspannungen, lebensgefährliche Ströme über den Körper des Menschen fließen können. Aus diesem Grund ist neben dem Hauptpotentialausgleich auch ein zusätzlicher (örtlicher) Potentialausgleich gefordert. Der zusätzliche Potentialausgleich besteht aus dem Zusammenschluß aller elektrisch leitfähigen Teile außer Badewanne und Duschwanne (Bild 3.136). Als Verbindungsleitungen von der Potentialausgleichsschiene zu

Bild 3.138. *Beispiel für die Elektroinstallation im Bad*

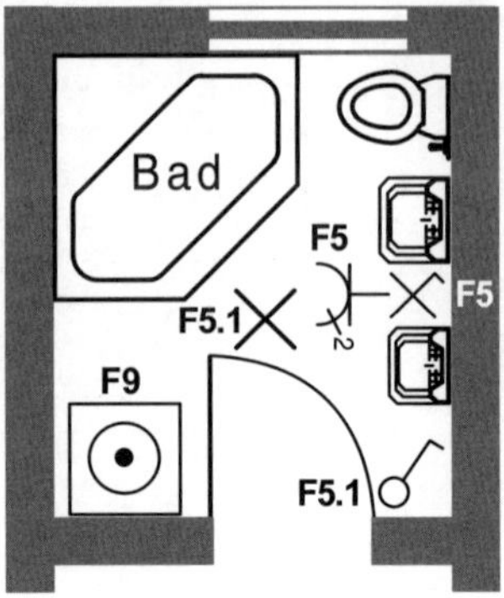

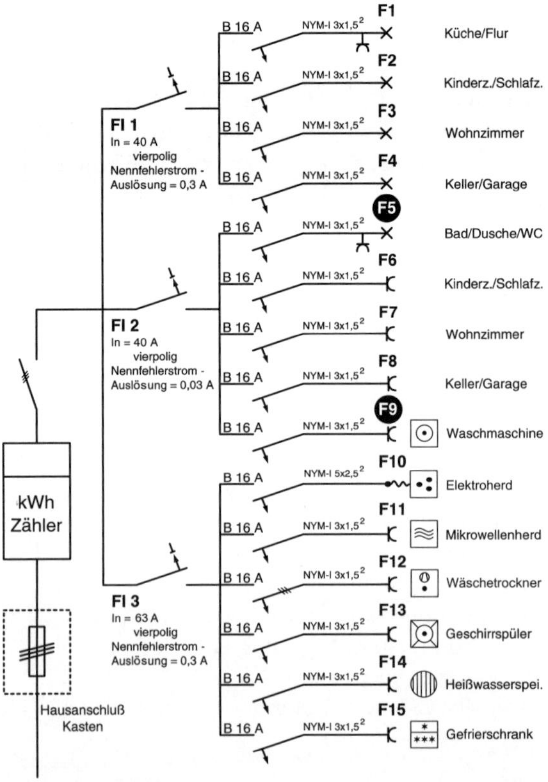

den leitfähigen Teilen eignet sich besonders die einadrige Mantelleitung Typ NYM, mit einer grüngelbfarbenen Isolierung der Ader. Von der Potentialausgleichsschiene im Badezimmer oder Duschraum ist eine Verbindung zum PE der nächstgelegenen Stromkreisverteilung herzustellen. Nur in Ausnahmefällen darf auf diese Verbindung verzichtet werden.

In Baderäumen mit WC ohne Fenster ist es angebracht, einen Ventilator einzubauen, den man in Kombination mit einem elektronischen Zeitnachlaufschalter steuert. In der Regel wird bei dieser Steuerung der Ventilator gleichzeitig mit dem Licht eingeschaltet. Nach dem Ausschalten des Lichtes bewirkt der Zeitnachlaufschalter, daß der Ventilator noch einige Minuten weiterläuft, um sich dann automatisch abzuschalten. Im Handel sind auch Zeitnachlaufschalter erhältlich, die nicht nur zeitverzögert aus-, sondern auch zeitverzögert einschalten. Diese Schalter sind für Nachrüstungen geeignet und passen in fast jede Verbinder- oder Geräte-Verbinderdose (Bild 3.137).

Auf dem Bild 3.138 ist die Zuordnung der Stromkreise zu den Steckdosen und Lampen im Bad zu sehen sowie die Zuordnung der Schalter zu den damit geschalteten Decken- und Wandauslässen.

3.13 Elektroinstallation einer Sauna

Für die Sauna gibt es Gefahrenzonen, die vergleichbar sind mit den Bereichen 0 bis 2 in Baderäumen. In Heißluftsaunen unterscheidet man die Bereiche 1 bis 4 (Bild 3.139).

Der Bereich 1 hat einen seitlichen Abstand von 50 cm zum Saunaofen (Bild 3.140) und verläuft bis zu 30 cm unter der Decke. In diesem Bereich dürfen nur elektrische Betriebsmittel montiert werden, die zu dem Sauna-Heizgerät gehören. Für den Bereich 2 müssen keine besonderen Anforderungen in bezug auf die Wärmebeständigkeit eingehalten werden. Die elektrischen Betriebsmittel im Bereich 3 müssen für eine maximale Temperatur von 125 °C ausgelegt sein. Im Bereich 4 darf man nur Leuchten mit einer Temperaturbeständigkeit von 125 °C und Überhitzungsschutz einbauen. Auch die Temperaturfühler im Bereich 4 müssen bis 125 °C temperaturbeständig sein.

Bild 3.139.

Elektrisch beheizte Sauna mit mechanischem Temperatursteuergerät

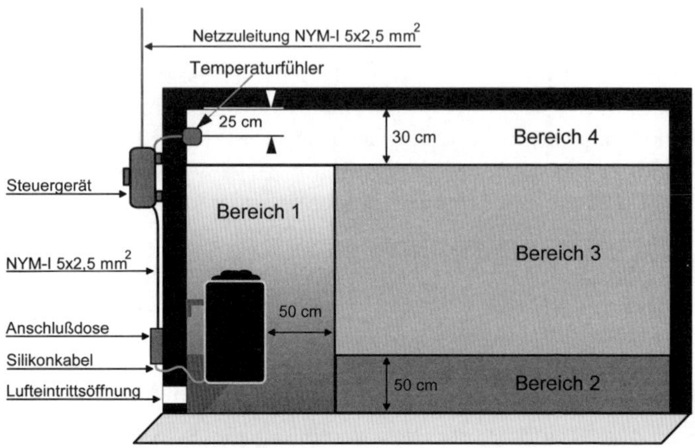

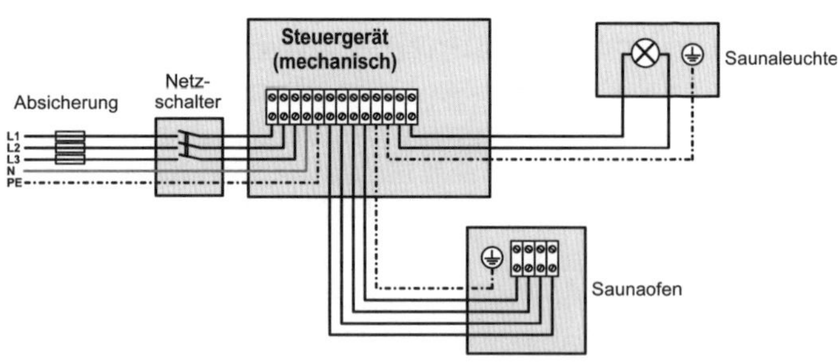

Grundsätzlich darf man im Saunaraum keine Steckdose einbauen. Die Stromkreise für alle elektrischen Betriebsmittel im Saunaraum sind mit einem 30-mA-FI-Schalter zu schützen. Eine Heißluftsauna gilt in der Regel als trockener und heißer Raum, wenn sie nicht für Reinigungszwecke ausgespritzt wird.

Bild 3.140.

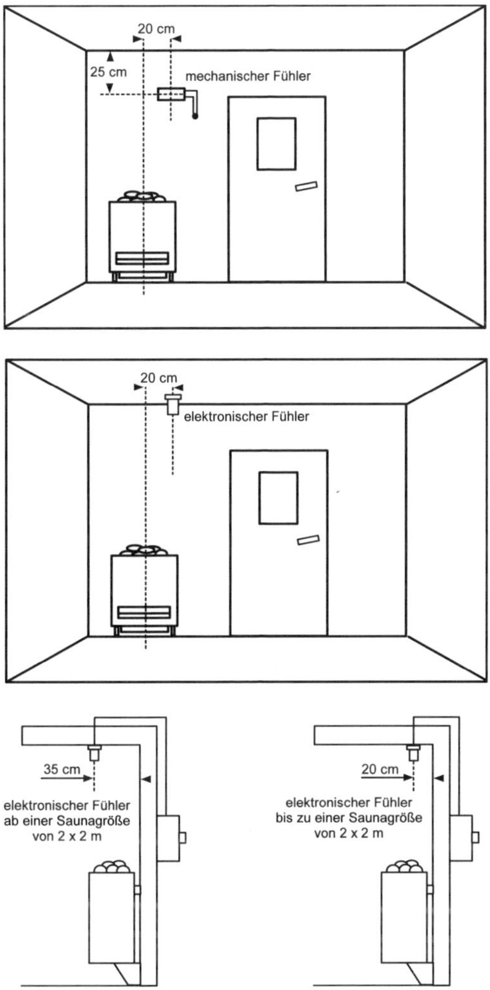

Bild 3.141.

Wegen der Brandgefahr muß im Steuerkreis des Temperaturreglers ein Sicherheits-Temperaturbegrenzer eingebaut sein. Dieser schaltet die Heizung des Saunaraumes in der Regel bei 110 °C ab. Die Montagemaße für die Temperaturfühler in der Sauna sind abhängig von der Größe der Sauna und werden

Bild 3.142.

vom Hersteller des Temperaturreglers vorgegeben. Ein Beispiel für übliche Montagemaße sehen Sie im Bild 3.141.

Für die Sicherheits-Temperaturbegrenzung und Temperaturregelung im Saunaraum kann ein Kapillarrohrregler oder ein elektronischer Regler eingesetzt werden. Beim Kapillarrohrregler befindet sich eine Flüssigkeit mit hohem Siedepunkt im Fühler (Bild 3.142) bzw. im Kapillarrohr und in einer Ausdehnungsmembrane (Bild 3.143). Die Flüssigkeit im Fühler dehnt sich bei Erwärmung so aus, daß durch den Membranendruck, der dabei entsteht, ein Hebel betätigt wird, der einen Öffnerkontakt schaltet. Kapillarrohrregler werden nicht nur für die Temperaturregelung von Saunaräumen eingesetzt. Sie finden auch Anwendung bei Ölzentralheizungen, Heizgeräten, Waschmaschinen, Warmwasserbereitern, Geschirrspülmaschinen und Elektroherden.

Bei der Montage werden die Kapillarrohrfühler durch das zuvor gebohrte Loch in die Kabinenwand geführt (Durchmesser etwa 10 mm) und in einer Haltekonstruktion aus Holz befestigt (Bilder 3.141 und 3.142). Der Fühlerhalter muß mittig über der der Kabinenwand zugekehrten freien Luftaustrittsöffnung des Ofens, 25 cm unterhalb der Kabinendecke, an der Kabinenwand befestigt werden. Die zuvor beschriebene Position ist unbedingt einzuhalten, da sonst die angestrebten Temperaturen nicht

Bild 3.143.

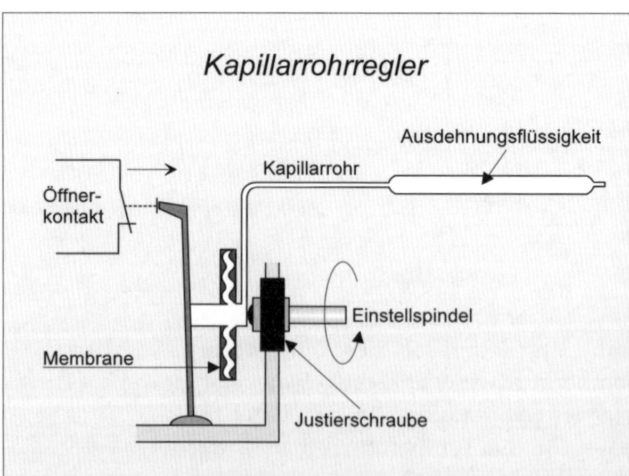

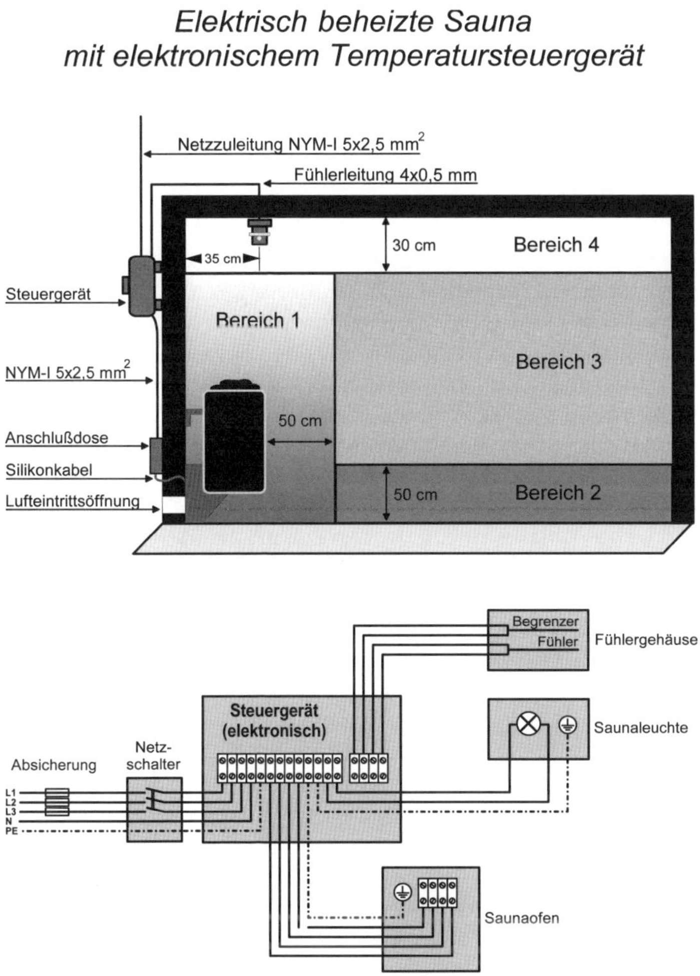

Bild 3.144.

erreicht werden. Die Kapillarrohrleitungen sollten mit dafür geeigneten Schrauben an der Kabinenwand befestigt werden. Die Überlänge der Kapillarrohrleitung ist hinter dem Steuergerät aufzurollen und darf auf keinen Fall in das Steuergerät zurückgeschoben werden. Die Kapillarleitungen dürfen nicht geknickt oder beschädigt werden. Der kleinste Biegeradius sollte nicht unter 5 cm liegen.

Entgegen den Kapillarrohrfühlern werden elektronische Fühler meist an der Decke des Saunaraumes angebracht. Die Leitung zum Fühler ist außen am Saunaraum zu installieren und soll direkt, über dem Temperaturfühler, in den Saunaraum eingeführt werden. Auf dem Bild 3.142 sehen Sie das Anschlußschema für eine Saunaanlage mit elektronischer Steuerung und dem elektronischen Fühler im Bereich 4 der Sauna.

Die Fühler- und Netzleitungen dürfen nicht zusammen verlegt oder durch eine gemeinsame Durchführung geführt werden. Eine gemeinsame Verlegung kann zu Störungen der Elektronik und zum „Flattern" der Schaltschütze führen. Für die Fühlermontage ist mittig, über der der Kabinentür zugekehrten freien Luftaustrittsöffnung des Ofens, in die Saunadecke ein 15...20 mm großes Loch in der Mitte eines Profilbrettes zu bohren. Die Fühlerleitungen werden soweit durch das gebohrte Loch geführt, bis die Fühlerplatine unter der Decke problemlos angeschlossen werden kann. Die Fühlerleitungen werden entsprechend dem Herstellerschaltplan angeschlossen. Das Fühlergehäuse wird nach dem Anschluß über die Fühlerplatine geschoben und an der Decke befestigt. Die Bohrung in der Decke darf nicht verschlossen werden, da die Luftzirkulation durch Fühlergehäuse und Bohrung für die einwandfreie Temperaturregelung erforderlich ist. Da die Luftzirkulation in fast jeder Saunakabine verschieden stark ist, kann diese in der Regel mit einem Stellring auf dem Fühlergehäuse eingestellt werden. Bei einer zu starken Luftzirkulation schaltet das Steuergerät häufig; dies ist durch eine Verschiebung des Stellringes über die Luftzirkulationsöffnungen am Fühlergehäuse zu beheben. Durchschnittlich sollte sich der Ofen bei maximaler Temperatureinstellung und konstanter Kabinentemperatur in einer Stunde ca. 30mal einschalten. Ersichtlich ist das Einschalten am Aufleuchten der Heizsignallampe am Saunasteuergerät.

Das Saunasteuergerät (Bild 3.145 und 3.146) ist außen am Saunaraum neben der Saunatür zu installieren. Die Montage erfolgt in einer Höhe von 150 cm mit einem Abstand von ca. 20 cm zur Saunatür. Für die Befestigung des Steuergerätes sind in der Regel 4 Holzschrauben 4 × 20 mm ausreichend. Beim Anschluß des Steuergerätes ist darauf zu achten, daß die Zuleitung zum Steuergerät allpolig abschaltbar sein muß.

Bild 3.145.

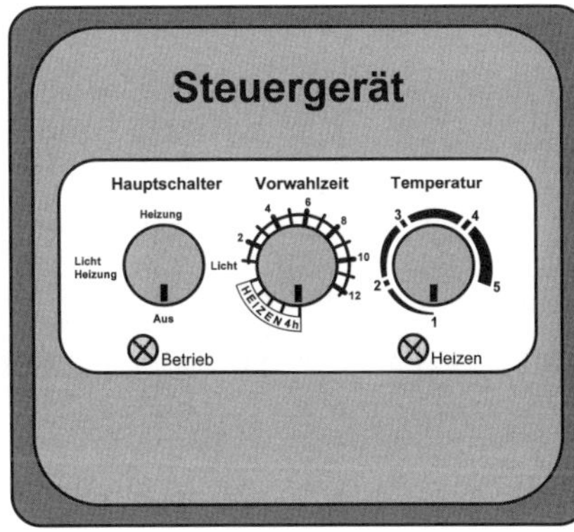

Bild 3.146.

Für den Anschluß des Saunaofens ist unter der Lufteintrittsöffnung ein Loch mit 10 mm Durchmesser zu bohren. Die Silikon-Anschlußleitung des Ofens sollte auf möglichst kurzem Weg nach außen zu der Anschlußdose geführt werden (Bild 3.147). Als Anschlußleitung eignet sich eine Gummischlauchleitung mit erhöhter Wärmebeständigkeit aus dem Isolierwerkstoff (SiR) Silikon-Kautschuk.

Es ist zu beachten, daß der senkrechte Abstand zwischen der Oberkante Saunaofen und der Saunadecke mindestes 1 m beträgt. Die seitlichen Abstände des Saunaofens zu den Saunawänden sollten nicht kleiner als 30 cm sein.

Bild 3.147.

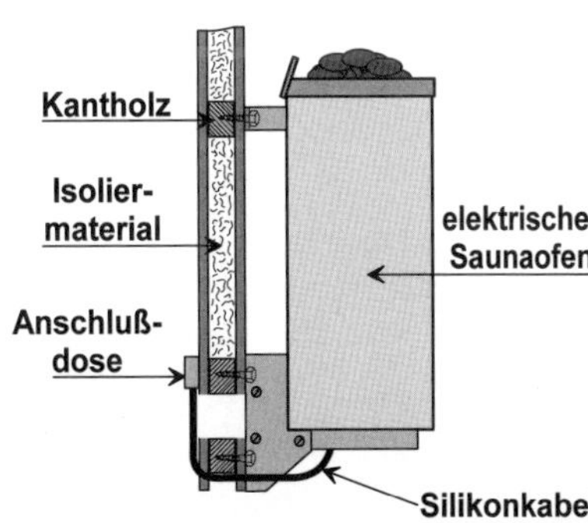

Ein Saunaofen darf grundsätzlich nur in Saunakabinen aus geeignetem, harzarmem, unbehandeltem Holz (z.B. nordische Kiefer), betrieben werden. Eine Inbetriebnahme des Saunaofens ist nur in Verbindung mit einem geeigneten Luftschacht zulässig. Der Luftschacht wird im Normalfall mit einer Größe von ca. 8×45

Saunaofen-Anschlußleistung in kW	geeignet für Kabinengröße in m^3	Mindest-Querschnitte der Anschlußleitung in mm^2 Kupferleitung	
		Anschluß an Drehstrom 400 V	Absicherung in A
6,0	ca. 6 - 8	5 x 2,5	16
7,5	ca. 7 - 9	5 x 2,5	16
9,0	ca. 8 - 10	5 x 2,5	16

Bild 3.148.

cm in der Saunawand unterhalb des Saunofens angebracht. Eine Bedeckung und ein nicht ordnungsgemäß aufgefüllter Steinbehälter im Saunaofen verursachen Brandgefahr.

Die Anschlußleistung des Saunaofens unter Berücksichtigung der Saunagröße sowie der Querschnitt der Zuleitung und Nennstrom der Überstromschutzeinrichtung gehen aus der Tabelle in Bild 3.148 hervor.

Anhang

A.1 Grafische Symbole

Elektrogeräte		Installationsgeräte	
E	Elektrogerät, allgemein		Ausschalter, einpolig
	Mikrowellenherd		Ausschalter, zweipolig
	Backofen		Ausschalter, dreipolig
	Elektroherd		Serienschalter
	Infrarotgrill		Ausschalter mit Kontrolleuchte
	Heißwassergerät, allge.		Wechselschalter
	Heißwasserspeicher		Gruppenschalter
	Durchlauferhitzer		Kreuzschalter
	Kühlschrank		Sensorschalter
	Gefrierschrank		Ausschalter mit Dimmer
	Waschmaschine		Taster
	Geschirrspülmaschine		Leuchttaster
	Wäschetrockner		Stromstoßrelais
	Klimagerät	t	Zeitschalter
	Heizgerät, allgemein		Schaltuhr
	Speicherheizgerät		Schutzkontaktsteckdose
	Infrarotstrahler		Schutzkontaktsteckdose schaltbar
	Ventilator		Schutzkontaktsteckdose dreifach
	Lüfter-Motor		Steckdose mit Trenntrafo
M	Elektro-Motor		Fernmeldesteckdose
M 3~	Drehstrom-Motor		Antennensteckdose

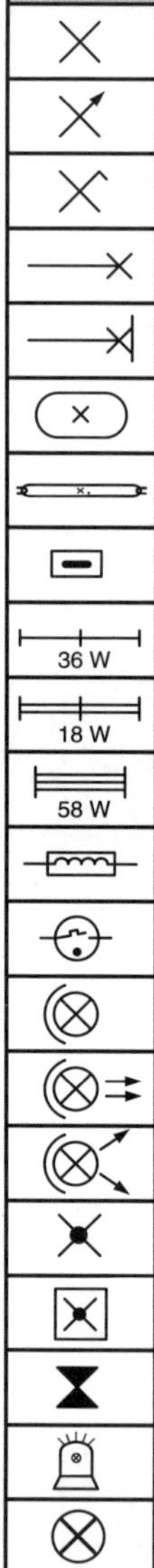	Leuchten	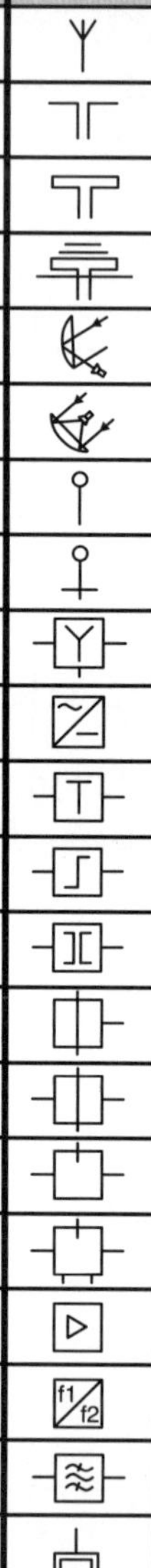	Antennenanlagen
	Leuchte		Antenne allgemein
	Leuchte, Helligkeit veränderbar		Dipolantenne
	Leuchte mit Ausschalter		Schleifendipolantenne
	Leuchtenauslaß mit Leitung		Schleifendipolantenne mit Direktoren und Reflektor
	Leuchtenauslaß auf Putz mit Leitung		Offset-Antenne
	Leuchte für Entladungslampe		Parabolantenne
	Leuchtstoffröhre		LMK Antenne
	Vorschaltgerät für Entladungslampe		LMKU Antenne
36 W	Lichtband mit 2 Leuchtstofflampen mit 36 W		Weiche allgemein
18 W	Lichtband mit 2 Leuchtstofflampen je 2 x 18 W		Netzgerät
58 W	Leuchte mit 3 Leuchtstofflampen 58 W		Dämpfungsglied
	Vorschaltgerät für Leuchtstofflampe		Entzerrer
	Starter für Leuchtstofflampe		Übertrager
	Scheinwerfer		Einfachabzweiger
	Punktleuchte		Zweifachabzweiger
	Flutlichtleuchte		Zweifachverteiler
	Sicherheitsleuchte mit Notstromversorgung		Vierfachverteiler
	Sicherheitsleuchte mit eingebauter Stromversorgung		Verstärker
	Sicherheitsleuchte in Dauerbetrieb	f1/f2	Frequenzumsetzer
	Optischer Signalgeber		Bandpaß
	Leuchtmelder		Antennensteckdose

Meldeanlagen		Fernsprechanlagen	
Z	Zentrale		Zentrale
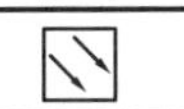	Rauchmelder		Fernsprechgerät
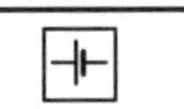	Stromversorgung		Fernsprechgerät fernberechtigt
	Leuchtmelder	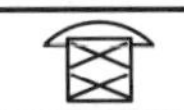	Fernsprechgerät amtsberechtigt
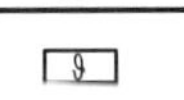	Temperaturmelder		Fernsprechgerät halbamtsberechtigt
	Akustischer Signalgeber	HVt	Hauptverteiler
	Optischer-Signalgeber	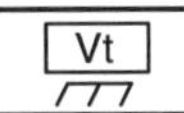	Verteiler auf Putz
	Blockschloß (Scharfschaltung)	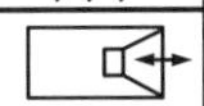	Wechselsprechstelle
	Autom. Wähl- u. Ansage-gerät (AWAG od. DWG)	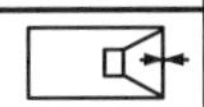	Gegensprechstelle
	Magnetkontakt	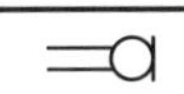	Mikrofon
	Öffnungskontakt	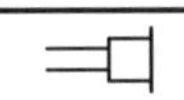	Fernhörer
	Riegelkontakt	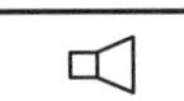	Lautsprecher
	Vibrationskontakt		Türöffner
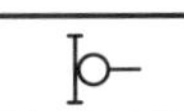	Glasbruchmelder	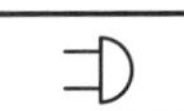	Wecker / Klingel
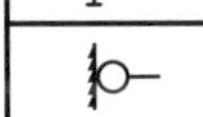	Körperschallmelder	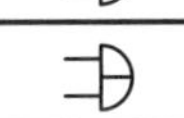	Gong
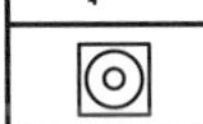	Überfallmelder	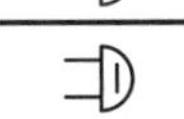	Gleichstromwecker
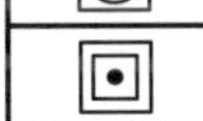	Druckknopfmelder	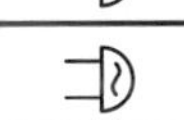	Wechselstromwecker
	Ultraschall-Bewegungsmelder		Summer
	Infrarot-Bewegungsmelder		Hupe
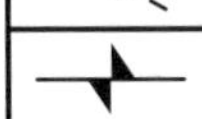	Fadenzugkontakt		Netzgerät
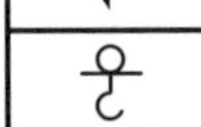	Bildermelder	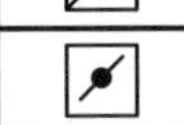	Polizeimelder

Schalter/Sicherung/Steuerung

	Öffner allgemein		Wischer, Kontakt bei Anzug
	Schließer allgemein		Wischer, Kontakt bei Rückfall
	Öffner handbetätigt		Schließer mit verlängerter Kontaktgabe
	Schließer handbetätigt		Öffner mit verlängerter Kontaktgabe
	Schließer schließt verzögert		Trennschalter
	Schließer öffnet verzögert		Sicherungs- trennschalter
	Öffner, nicht von selbst zurückkehrend		Sicherungs- lasttrennschalter
	Schließer, nicht von selbst zurückkehrend		Lasttrennschalter
	Wechsler/Umschalter		Leistungsschalter
	Wechsler unterbrechungsfrei		Leistungstrennschalter
	Schütz allgemein		Generator allgemein
	Stromstoßschalter		Motor allgemein
	Zeitschalter		Gleichstrommotor
	Schütz mit Anzugsverzögerung		Drehstrommotor allgemein
	Schütz mit Abfallverzögerung		Drehstrom- Käfigläufermotor
	Zeitschaltuhr		Drehstrom- Schleifringläufermotor
	Elektrothermischer Überstromauslöser		Steckvorrichtung
	Leitungsschutzschalter		Magnetventil geschlossen
	FI-Schutzschalter		Magnetventil geöffnet
	Motorschutzschalter		Schaltschloß mechanisch
	Schmelzsicherung		Schaltschloß elektrisch

A2. Nationale Normungsorganisationen

01 = AENOR-Spanien
02 = CEBEC-Belgien
03 = IMQ-Italien
04 = IPQ-Portugal
05 = KEMA-Niederlande
06 = NSAI-Irland
07 = SEE-Luxenburg
08 = UTE-Frankreich
09 = ELOT-Griechenland
10 = VDE-Deutschland
11 = ÖVE-Österreich
12 = BSI-Großbritannien
13 = SEV-Schweiz
14 = SEMKO-Schweden
15 = DÄMKO-Dänemark

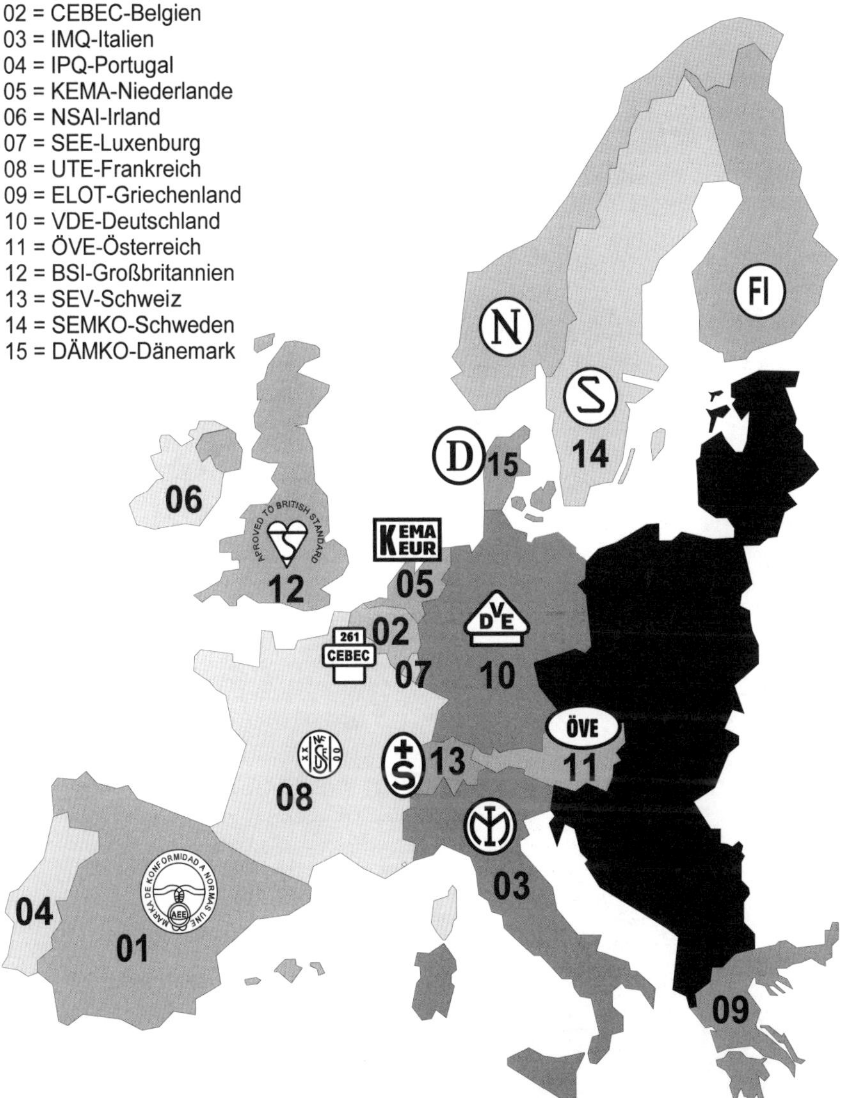

A3. Niederspannungs-Systeme in Europa

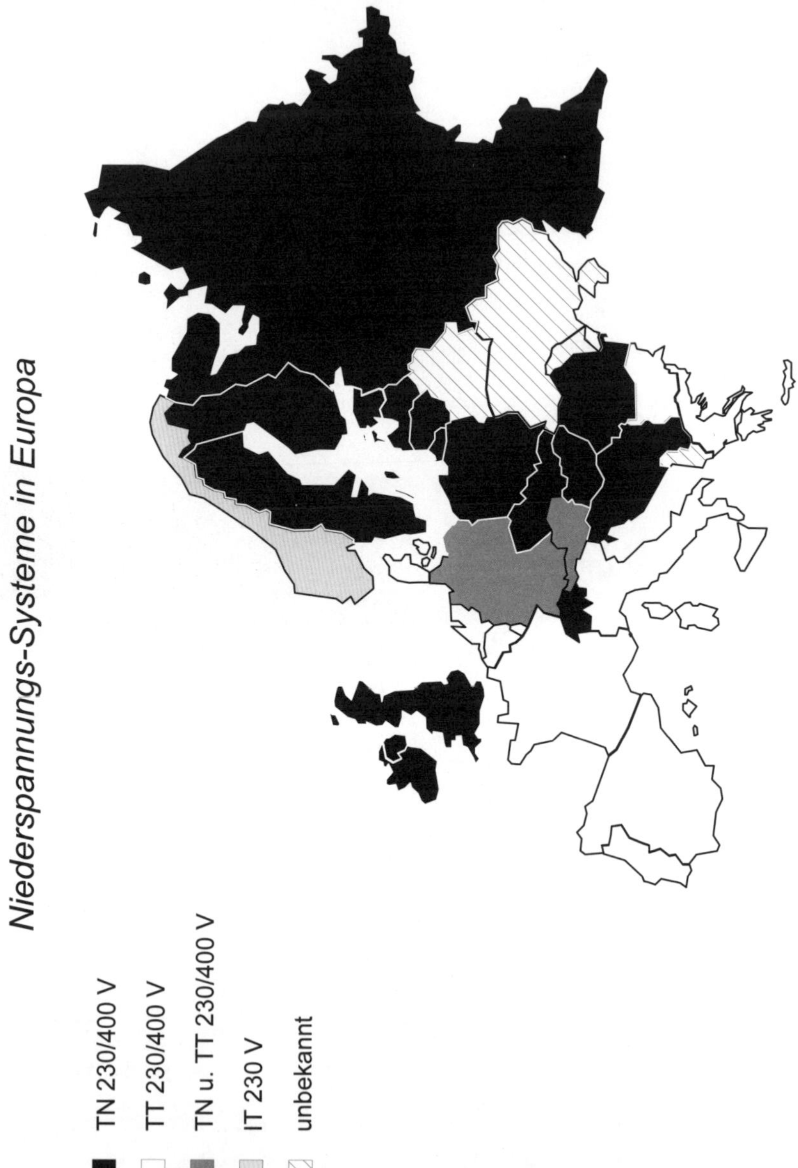

A4. Deutsche EVU-Verbundunternehmen

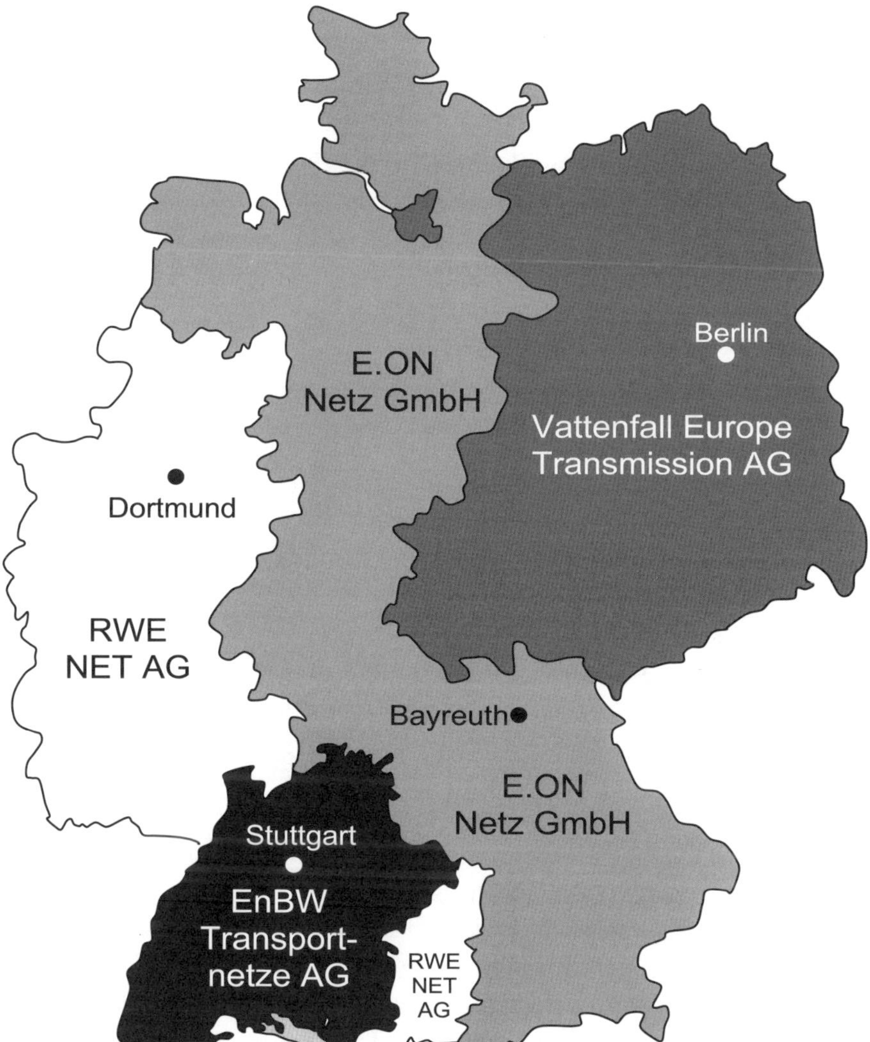

Deutsche Übertragungsnetzbetreiber
mit Sitz der Unternehmen